连续屏障隔振性能研究

常 亮 肖旺新 著

中国建筑工业出版社

图书在版编目（CIP）数据

连续屏障隔振性能研究/常亮著. — 北京:中国建筑工业出版社，
2018.12

ISBN 978-7-112-22737-2

Ⅰ. ①连…　Ⅱ. ①常…　Ⅲ. ①隔振-研究　Ⅳ. ① O328

中国版本图书馆 CIP 数据核字（2018）第 223739 号

本书提出了一种新型的屏障隔振措施——锚杆约束的聚氨酯硬泡连续屏障，并对其隔振性能进行了数值和模型试验研究，取得了一些有实际应用意义的成果。这些研究成果既可为城市地面交通、高架交通、地铁交通、建筑打桩施工等引发的振动问题提供解决方案，也可为相关领域的振动研究和治理提供参考。全书共分为 10 章，主要内容有土介质中波动理论及屏障的隔振机理、有限元数值分析基本原理、锚杆的布置对屏障系统固有频率的影响、典型场地中本屏障隔振性能研究、试验模型的建立与振动的传播与衰减规律、地面振源作用下屏障隔振效果试验研究、隧道振源作用下屏障隔振效果试验研究、连续屏障参数对隔振效果影响分析等。

本书可供从事工程振动研究的科研人员和高校相关专业师生参考。

责任编辑：杨　允
责任校对：张　颖

连续屏障隔振性能研究

常　亮　肖旺新　著

*

中国建筑工业出版社出版、发行（北京海淀三里河路9号）
各地新华书店、建筑书店经销
北京建筑工业印刷厂制版
北京建筑工业印刷厂印刷

*

开本：787×1092毫米　1/16　印张：8½　字数：21万字
2018年10月第一版　2018年10月第一次印刷
定价：40.00元
ISBN 978-7-112-22737-2
（32835）

前　言

　　轨道交通以其运量大、高速便捷、空气污染指数小等优点已成为解决城市交通拥挤的有效措施。与此同时列车运行引起的振动对周边环境，建筑物安全和精密仪器的正常使用造成了越来越严重的影响，必须采取减隔振措施加以缓解，减隔振已经成了非常重要的环境和工程问题。

　　本书研究了连续屏障的隔振性能，共分 10 章。第 1 章绪论，分析了屏障隔振的研究现状及存在的问题，提出了本书的研究内容和创新点；第 2 章介绍了土介质中的波动理论及屏障的隔振机理；第 3 章介绍了有限元数值分析方法的基本理论和本书研究过程中采用的有限元参数；第 4 章分析了喷锚支护与连续屏障一体的复合屏障中锚杆布置对屏障系统固有频率的影响；第 5 章对典型场地中本屏障的隔振性能进行了研究；第 6 章进行了基坑槽模型试验，研究振动波的传播与衰减规律；第 7 章在基坑槽模型中研究了地面振源作用下屏障的隔振效果；第 8 章在基坑槽模型中研究了隧道振源作用下屏障的隔振效果；第 9 章分析了连续屏障参数对隔振效果影响；第 10 章结论与展望，指出了今后的研究方向和本书研究的不足之处。

　　本书是作者对连续屏障隔振效果研究的成果总结，第一完成单位是南昌航空大学，硕士研究生曾松，邵斌参与了基坑槽模型试验，硕士研究生朱先均，罗颖参与了有限元数值计算，同时上海理工大学镇斌副教授在减隔振理论方面给予了指导，淮阴工学院肖旺新教授参与了本书第 9 章的部分研究工作。在此表示感谢！

　　本书受到江西省自然科学基金（20161BAB216103），江西省教育厅科技项目（GJJ160708），国家自然科学基金（11672185，51378234）的资助，在此一并感谢！

　　限于作者水平，本书一定存在不少缺点，悬请读者批评指正！

作者

于南昌航空大学，江西，南昌

2018 年 7 月

目　　录

第1章 绪 论

1.1 研究背景及意义

随着我国经济建设飞速发展，人口急剧增长，城市交通问题越来越严峻。地下轨道交通以其容量大、速度快、安全可靠、运行准时、不占用地面道路等特点，迅速成为一种现代化的交通工具。这些地铁系统在改善城市交通环境、缓解城市交通拥挤、减少城市污染等方面起到了积极作用，但地铁运行所引发的环境振动问题日益突出，受到了越来越广泛的关注。

除地铁振动外，城市地面交通、高架交通、建筑打桩施工等也引发了严重的振动。振动不仅造成了建筑物的损害，而且影响精密仪器的正常工作和人们的身心健康，已经成为城市化进程中一个极其普遍的环境难题。国际上，环境振动被列为七大环境公害之一，并已经着手研究环境振动的污染规律、产生原因、传播途径、控制方法以及对人体的危害[1-4]。因此对交通荷载激励下振动的隔振措施进行研究具有明显的实际意义，它既可以解决交通沿线的振动问题，也可以为邻近领域振动的研究和治理提供参考。

20 世纪 60 年代以来，振动问题受到各国学者的普遍重视，纷纷找寻各种有效的隔振措施。但是，对于有特殊减隔振要求的区域（如精密仪器实验室、医院等），单一的隔振措施往往达不到预期的减隔振效果，需要几种措施的合理组合。并且传统的隔振屏障存在稳定性差；对低频振动隔振效果差；隔振区出现振动放大异常现象等缺点。

基于上述背景，锚杆约束的聚氨酯硬泡连续屏障作为一种新型的隔振措施，本书对其隔振性能进行研究，以期能弥补传统隔振屏障的不足并且可以为本屏障隔振应用中的设计与施工提供参考。

1.2 屏障隔振的研究现状及存在的问题

屏障隔振是一种用来阻隔或改变振动波向屏蔽区传播的方法，其实质是弹性波被存在于介质中的屏障所反射、散射和衍射。屏障分为连续屏障和非连续屏障两种。连续屏障有空沟、膨润土泥浆填充沟、混凝土芯墙等形式；非连续性屏障有孔列、混凝土单排桩、多排桩等形式。屏障隔振分为近场主动隔振和远场被动隔振。近场主动隔振由于屏障接近振源，主要用于阻隔体波（P 波和 S 波）；远场被动隔振由于屏障远离振源，主要用来阻隔面波（R 波）。关于近远场隔振的评定标准，Lysmer[5] 最早提出距离波源 $2.5\lambda_R$（λ_R 为瑞利波波长）为近场与远场隔振分界线，Haupt[6] 也提出 $2\lambda_R$ 作为近场与远场隔振分界线。

1.2.1　国外研究现状

Woods[7]1968 年第一次在现场试验的基础上研究了空沟的隔振效果，并提出了用振幅衰减系数来衡量隔振效果。但是由于当时的各种条件的限制，其研究也存在一定的缺陷，如试验中采用了较高的激振频率，由此其结论推广到低频时能否使用值得探讨。

Adam[8] 对空沟和填充沟渠的隔振效果进行了研究，建立了土层-6 层建筑物模型，分析表明使用沟渠屏障可以减少 80% 的振动，隔振沟的效果主要取决于沟深与表面波的波长之比，试验资料表明，当沟深小于表面波长的 30% 时，对低频振动，空沟几乎没有什么效果，因此空沟和充填式沟渠只适合中高频振动波的隔离。

Fuyuki[9] 等运用有限差分法研究空沟对瑞利波的散射，发现对于浅空沟而言，空沟的宽度对瑞利波散射起着非常重要的作用。这一结论与过去的研究成果（即空沟的深度对瑞利波的散射有很大的影响，而宽度的影响却不大）有一定的不相符。

Peplow[10] 基于前人的研究成果，采用 2D 成层弹性半无限空间的模型，从理论上研究了 WIB 的隔振效果，结果表明：WIB 能有效减弱地表荷载产生的低频振动在远场的振动响应，足以减小其振幅；隔振效果主要依赖于土的特性。由于 WIB 的存在，基础和土的振动水平都明显降低，但由于波的反射和透射，WIB 并不能完全屏蔽振动波向邻近区域传播。

Takemiya[11,12] 将 H-WIB 应用于瑞士高速铁路和中国台湾高速铁路的隔振项目，在水平谐振荷载作用下的数值结果与实测数据对比表明：这种 H-WIB 对 2 ～ 5Hz 范围内的低频隔振效果比任何传统的隔振措施都好。

M.Adam[13] 等采用 BEM-FEM 建立二维土-结构体系，这个模型完全考虑土结构相互作用的影响，并直接决定了波屏障对结构的振动响应效果。结果指出，用一个沟屏障，可减少建筑物振动达 80% 以上；增加沟深度或沟槽宽度可以提高其隔振效果，且使用较软的回填材料也会有很好隔振效果。

J.A.Forrest[14] 等采用了一种圆形横截面的地铁隧道动态三维模型。土包围的隧道可以考虑为无限长，薄的圆柱形外壳和土作为一个无限均匀各向同性的统一体。在隧道施加了标准单元点荷载的情况下数值结果表明：由于无限土的辐射阻尼效应，被土包围的隧道对于一自由通道的驱动点响应不显示环形模式的共振表观。对于本书考虑的参数，远离隧道的振动响应由在隧道的材料和与土界面横波传播共同决定。

Chang-Chi Hung[15] 等采用三种人工神经网络（BPN、GRNN 和 RBF）来评估填充沟物理模型的隔振性能。结果表明：三种模型都能以不同的精度来估算填充沟隔振的有效性，但 GRNN 的精度最高，且 GRNN 数值计算的结果比经验多变量回归方法得到的结果可靠性更高。

Yao[16] 等通过建立车辆-轨道-土体-隔振沟-建筑物的三维有限元模型，分析隔振沟对铁路线建筑物的隔振效果，发现有隔振沟时建筑物的振动远小于无隔振沟时建筑物的振动。隔振沟越深、离建筑物越近，隔振效果越好。而隔振沟的宽度和长度对隔振效果影响不大。

P. Galvin 和 S. Francois[17] 提出了一种基于系统的边界积分方程，将有限元与边界元方法相结合，采用层状弹性半空间格林函数，采用基于轨道纵向坐标的傅立叶变换的 2.5D 模型来研究铁路交通在地面和隧道中引起的地面振动。当隧道与自由表面之间的距离和半空间的层界面与土中的波长相比较小时，不可使用该有限元-边界元方法。

Ashref[18] 等全尺寸现场试验的方法来评估空沟和土工泡沫填充沟的隔振性能以及探究沟的形状和位置对隔振效果的影响。结果表明：土工泡沫填充沟对于波的散射是切实可行的，屏蔽效果达 68% 甚至更高；沟的深度对空沟和土工泡沫填充沟的隔振效果影响很大，最优标准深（沟深／波长）是 0.6；随着宽深比的增加，空沟的隔振性能降低，而土工泡沫填充沟却几乎没有影响。不足的是，试验却没有在不同的尺寸和不同的土剖面情况下来评估其隔振性能。

E. Celebi[19] 等采用非线性二维有限元模型，充分考虑到土的局部塑性变形对振动耦合土壤结构系统的动态响应的影响，来进行对列车诱发地面传播的振动的结构响应的数值模拟和计算。结果表明：空沟的深度为 4.5m 时，对结构的振动有明显的屏蔽效果，减少垂直方向上的振动达 85% 以上；振源到屏障的最佳隔振距离是 5 米左右；并且回填材料的阻尼比对屏障的隔振性能有显著的影响。

Pieter Coulier[20] 等人讨论了刚性屏障阻碍瑞利波的隔振效果，指出屏障和土体介质之间的刚度对比足够大的话，则隔振效果非常好。数值模拟表明，隔振效果是由介质中的瑞利波与屏障中的弯曲波的相互作用决定的，这会导致临界频率和临界角的存在；刚性屏障对中高频率的振动波有非常好的隔振效果。

S.D. Ekanayake[21] 等用三维有限元模型来研究不同的填充材料对地面振动衰减效率。该模型首先在使用 EPS 土工泡沫作为填充材料的全尺寸波屏障现场试验中得到验证，然后将相同的模型用来评估空沟，水填充的波屏障和填充 EPS 土工泡沫波屏障对地面振动衰减效率。结果表明：EPS 土工泡沫被认为是最有效的填充材料，其衰减效率接近空沟。EPS 土工泡沫和水填充的波屏障的隔振效果可随着波屏障的深度的增加而增加。

Pablo Zoccali[22] 等用有限元模型来重点研究空沟的长度和不同的回填材料之间相互影响，通过各个观测点的观测数据，以振幅衰减系数 A_{RC} 来分析振动在时域和频域上的衰减效率。结果表明：增加沟的长度和不同的回填材料都会对地面振动有很好的屏蔽效果；当沟的长度受到限制时，可以采用回填材料来弥补其屏蔽效果不佳。不足的是，本书并未对土特性、火车运行速度和沟截面尺寸等一些较关键的参数进行研究。

D.UIgen[23] 进行了一系列的现场全尺寸试验，分别研究了空沟、充水屏障和泡沫填充屏障在不同激励频率、土层分层、材料类型和屏障尺寸下的隔振效果。结果表明，空沟和泡沫填充屏障的隔振效果非常接近。当归一化深度 D 为 1 或 1.5 时，振动幅度可降低 67% 或更高。由于空沟的稳定性问题，建议采用泡沫填充屏障作为有效地减少地面振动传播的隔离系统。

P.Coulier[24] 等人现场测试了在铁路沿线安装灌浆柱屏障的隔振性能，现场测试结果表明，设置灌浆柱屏障后减振效果，8Hz 以上的振动降低了 5dB，而对于 30Hz 的振动降低可达 12dB，并将实验结果与基于耦合有限元-边界元法的数值模拟进行了比较。

A.Dijckmans[25] 通过现场实测和数值模拟研究了板桩墙减小铁路引发振动传播的隔振效果。现场实测表明，板桩墙能有效减少了从 4Hz 以上的振动，隔振效果随振动频率的增加而增加，随着屏障后距离的增加而逐渐减小；在软土条件下，只要板桩墙的深度足够深，其隔振效果优异。模拟结果表明，板桩墙作为刚性波障，其隔振效果取决于屏障与土体的深度和刚度对比，板桩墙只有当板桩的深度与土中的瑞利波长相比足够大时才有效。

D.J.Thompson[26] 等利用 2.5D 边界元方法研究了空沟和柔性屏障对减少铁路运行引发的地面振动的隔振作用。结果表明，对于均匀地基，屏障的深度至少为瑞利波长的 0.6 倍才有效，然而对于层状地基，隔振效果受土层深度和刚度的影响。考虑所有地基条件下，空沟的隔振效果最好，柔性材料的隔振效果比空沟差，屏障深度越大，隔振效果越好，而宽度对其隔振性能影响很小；屏障的刚度和阻抗比是影响隔振性能的最重要的材料参数。

J.D.R.Bordón[27] 等人结合有限元和边界元方法，研究了多孔弹性土中三种波屏障（空沟，单壁，空沟混凝土壁）的隔振效果。结果表明，除去土体高孔隙度和小耗散系数的影响之外，这三种屏障的隔振效果与在弹性土中的设置同样屏障的隔振效果类似。

C.Van.hoorickx[28] 等人利用数值模拟的方法，用 2.5D 有限元法研究了双喷浆墙屏障和双混凝土墙屏障的性能进行了研究，并与相同厚度的单墙屏障的性能进行了比较。结果表示，双墙屏障比单墙屏障的隔振效果稍强，当双墙之间的距离为四分之一瑞利波长时，隔振效果最好。

Y.B.Yang[29] 等人用 2.5D 方法研究了空沟和填充沟渠对铁路沿线的建筑物的隔振效果，结果表明，对自振频率较高的建筑，空沟的隔振效果比填充沟的隔振效果要好。当空沟位置靠近振源时，隔振效果不佳，因为体波可以从沟底绕射而过；列车以 R 波速运行时，铁路沿线的建筑物的振动会变大，因此，列车不应该以 R 波或接近 R 波波速运行。

1.2.2 国内研究现状

闫维明、聂晗[30] 等对地铁引起地面振动进行了实测分析，得出地铁引起的振动在距离振源 30m 左右时会出现振动放大现象，其振动放大频带主要集中在 10Hz 以下，在这一距离范围内的建筑物若其自振频率低于 10Hz 必受到地铁列车运营的干扰。

潘昌实[31] 等根据实测轨道加速度得到了列车荷载的模拟数学表达式，采用有限元法分析了隧道和周围土体的振动响应特性，结果表明：高频振动分量随距离增加衰减快，低频衰减较慢，地面建筑物主要受地铁列车低频振动分量的影响。

丁浩民[32] 等针对不同振源、不同传播土层、不同的结构及基础形式和不同的隔振方式等方面均进行了不同程度的研究，尤其是在以地铁振源为主的研究基础上，对可采用的分析方法进行了总结，并提出了一些建议。

李浩、冯劲[33] 通过建立隧道结构-弹性地基板隔振的二维有限元数值模型，计算列车通过时地基的动力响应以及布置弹性地基板之后的振动情况，计算表明：设置弹性地基板后，地面测点的竖向位移和隧道衬砌振动影响明显减小，且弹性地基板屏障隔振造价低、施工方便，对已建成的隧道通过路基注浆的方法也可以很容易达到隔振效果。然而，缺乏相应的试验资料和工程经验，在实际工程应用中，如何综合考虑各方面因素，如何合理选择各种设计参数仍有待进一步的研究和试验。

谢伟平[34]等使用线性回归分析方法，得到了拟建场地环境振动的振级衰减回归曲线，使用 ANSYS 有限元软件对拟建场地的环境振动进行了三维有限元数值模拟，数值计算结果表明，连续墙加减振材料的隔振效果较好。武汉轻轨振动的隔振措施研究表明：地下连续墙能有效减少轻轨运行产生的地面振动。但对波长较大的低频振动，连续墙深度足够深时才有效。

丁亚光[35, 36]等人基于 Biot 波动理论，分析了在饱和土体中设置刚性单排空心管桩对振动波的隔振效果。通过参数分析研究了桩间距和土体渗透性对隔振效果的影响。结果表明：随着饱和土的渗透系数的降低，单排刚性桩的隔振效果得到提高，当降低到一个阈值时，隔振效果不再变化；而桩间距对隔振效果的影响较大，空心刚性桩的隔振效果要比实心刚性桩好。

黄开勇[37]等利用显式动力有限元计算软件 LS-DYNA 来模拟泡沫板隔振模型试验，介绍了数值模型的网格划分、边界设置、参数选取以及荷载模拟。将数值结果和试验结果进行对比分析，得到了相同的振动衰减规律，从而肯定了泡沫板的隔振效果，也同时发现模型试验中用于吸振的泡沫板不能完全消除边界对振动波的反射干扰，相比之下数值计算中的非反射边界条件更加接近半无限空间情形。然而，柔性屏障隔振易出现入射波全透射现象导致隔振屏障失效。

邱畅[38]等分析了影响屏障隔振效果的主要参量，研究得出柔性屏障隔振易出现入射波全透射现象导致隔振屏障失效，刚性屏障不会产生明显的入射波全透射现象，故工程中应优先选用刚性屏障。

高广运、冯世进[39]等基于采用薄层法对三维层状地基竖向激振波阻板的主动隔振效果的进行研究。结果表明：三维层状地基中波阻板的隔振效果也主要取决于波阻板的厚度及波阻板的弹性模量。

夏唐代等[40,41]基于 Twersky 的理论，引入圆柱体对声波和电磁波的多重散射解析解，对用排桩隔离环境振动的问题，提出了一种新的求解任意排列、任意直径刚性桩对平面 SH 波多重散射的理论方法，在数值计算分析中讨论了散射重数、排间距、桩间距等因素对刚性桩隔振效果的影响。结果表明：散射重数越多，计算结果与实际符合得越好；当排间距 $h/a_s = 31.5$（a_s 为桩半径）、桩间距 $s_p/a_s = 3.0$ 左右时能取得较佳的隔离效果。

徐平等[42, 43]运用复变函数的保角映射方法和波函数展开法，分别对多排柱腔、多排桩、蜂窝状空腔等构成的非连续屏障对弹性波隔离效果进行了研究。结果表明：随着柱腔或桩排数的增多，隔离效果明显提高，综合经济及隔离效果，三排柱腔或桩构成的隔振屏障是最理想的措施。然而，对于桩长、桩间距、桩径、桩的弹性模量和泊松比等参数对隔振效果的具体影响机理研究较为缺乏，故可以考虑对这些参数的影响机理进行研究。

高广运[44-46]采用基于薄层法（TLM）的基础解（Green 函数）推导了饱和土和分层土的边界元法（BEM）方程。系统地研究了不同厚度、等效直径、剪切模量和埋深对 WIB 隔振效果的影响，并与单相弹性土进行了对比。结果表明，WIB 可以有效地降低饱和地基中的振动幅值，随着剪切模量、等效直径、厚度的增加和 WIB 埋深的减小，WIB 的隔振性能增加。当 WIB 埋深大于或厚度小于一定阈值时，反而会使饱和土中的振动显著放大。

楼梦麟、盛涛[47-49]等人对建有地下连续墙的上海某地铁沿线的建筑物进行了现场测量，以研究地铁运行引发的振动衰减情况。根据相关测点得到的数据，分析了加速度峰值衰减率，傅立叶谱，希尔伯特边边际谱振动水平的变化情况。结果表明，地铁运行引发的振动主要集中在 45 ～ 75Hz 之间；设置地下连续墙后，振动在水平方向得到了很大的衰减，水平振动衰减程度随地下施工深度的增加而增加；而对于垂直方向的振动的衰减作用不明显，甚至会出现放大作用。

周凤玺[50]根据含液饱和多孔介质中的流-固耦合作用，研究了含液饱和多孔 WIB 的隔振效果，采用线弹性理论和 Biot 模型建立计算公式，分析了多孔材料的物理参数，包括固相、孔隙率、孔隙流体的性质对隔振效果的影响，结果指出，与单相固体 WIB 隔振系统相比，含液饱和多孔 WIB 的隔振效果更好，且设计可更加灵活。

刘斯宏、王艳巧[51,52]等人数值分析和试验研究了土工袋的减振效果，由于土工袋具有可变水平刚度和较大的阻尼，因此是用于基础减振和隔离的优良材料。结果表明，土工袋可减少 75% 左右的振动，土工布袋的减振是主要由土颗粒间的摩擦力和黏性力以及袋的张力引起的能量耗散。

高广运[53]通过现场试验研究了在竖向荷载作用下层状地基中水平波阻块（WIB）的主动隔振问题。在不同的加载条件下，系统地研究了 WIB 的尺寸，埋深和剪切模量对隔振效果的影响。结果表明，对高频振动，WIB 能够有效地减小地面振动；当 WIB 的剪切模量增加或埋深减小时，隔振效果将得到提高。当 WIB 的剪切模量较小或埋深大于一个阈值时，WIB 失去隔振效果，不是减小地面振动而可能是放大振动。

丁光亚[54]等人试验研究了袋装砂袋对振动的影响，研究了编织袋中填充材料、振源频率、振源激振力大小对减振性能的影响。研究表明，砂袋中的峰值加速度随振源之间距离的增加而减少，随着振源频率的增加，砂袋中峰值加速度增大，土压力也随之增大，振动频率是评价袋装砂袋减振效果的一个重要因素。

高广运[55]等人通过现场实测和数值模拟的方法研究了筏桩基础的减振效果。

指出了筏桩基础对地面振动控制总体起积极作用，能明显降低当振动频率低于 60Hz 的水平振动，但会增加振动频率高于 30Hz 的垂直振动。

黄建坤、石志飞[56-58]等人引入固体物理学的周期理论提出了一种分层周期性结构来构建波屏障，采用有限元方法研究了此类型屏障的隔振效果。结论表明：屏障结构的周期数和屏障的深度对减振效果有着显著影响，相比之下，屏障的长度对减振效果相对较小；周期性屏障可将铁路振动荷载降低 69.5%，而传统的混凝土屏障只能降低 34.47%，周期性屏障中的空沟、泡沫屏障、橡胶屏障的隔振效果相近。

1.2.3　存在的问题

从现有国内外研究成果来看，连续屏障在缓解环境振动方面已取得比较理想的效果，尤其是对中高频振动的隔振取得较大的成果，但仍存在以下问题：

（1）对低频振动的隔振效果较差。低频振动（尤其是 10Hz 范围以内）在土介质中传播较快，衰减缓慢，因此其对周围环境的影响更加明显。而在实际工程中，由于各方面的限制，传统的隔振屏障对低频振动的隔振效果不理想。

（2）隔振区出现振动放大异常现象。一方面，由于屏障前存在波的反射和折射，屏障后存在波的透射和绕射，导致振动波发生相互干涉，使得振幅叠加而增大；另一方面，轨道交通振源激励下振动频带很宽（既有高频又有低频），并且在靠近屏障或远离屏障时，屏障系统对不同频率的振动波产生一定的共振效应，形成二次振源，向隔振区辐射振动波；以上两个原因都可能导致隔振区出现振动放大现象。

（3）对隔振效果的研究，一般集中在单一的隔振措施上，缺乏多种组合隔振措施的研究。屏障材料研究成果少，工程应用上几乎都是使用钢筋混凝土，故连续屏障的应用受到限制。

因此本课题提出一种锚杆约束的聚氨酯硬泡连续墙的新型隔振屏障，采用数值模拟的方法，研究本屏障的隔振性能，其研究成果可为本屏障隔振应用中的设计与施工提供参考。

1.3　本书的主要内容与创新点

1.3.1　研究的主要内容

本书以锚杆约束的聚氨酯硬泡连续屏障的隔振性能为总的研究内容。研究技术路线图如图 1-1 所示。具体的主要工作分为：

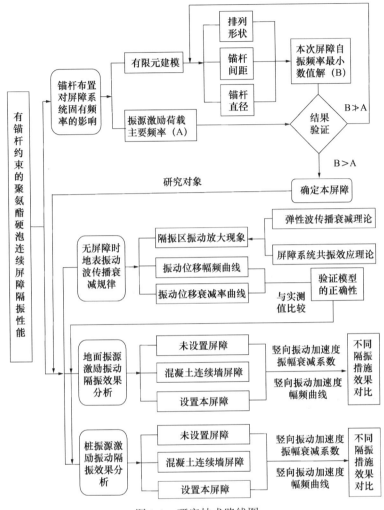

图 1-1　研究技术路线图

（1）研究锚杆排列形状（例如：矩形、梅花形布置）、锚杆间距、锚杆直径对本屏障（锚杆约束的聚氨酯硬泡连续屏障）系统固有频率的影响，通过锚杆参数敏感性分析，选取本屏障系统最低固有频率大于振源荷载主要振动频率时的锚杆布置方式，用作后续研究；

（2）研究典型场地未设置隔振屏障后，绘制自由场地拾振点振动波的位移幅频曲线和位移振幅衰减率曲线，分析地表振动波的传播及衰减规律，并与前人现场实测数据对比，验证有限元数值模型的正确性与可靠性；观察分析隔振区的振动放大现象；

（3）研究典型场地未设置屏障和设置混凝土连续墙屏障后，分别施加地面振源激励简谐荷载和桩振源激励简谐荷载，通过拾振点的竖向振动加速度幅频曲线和特征点值来分析混凝土连续墙屏障对不同振动频率的隔振效果；

（4）研究典型场地分别设置本屏障和混凝土连续墙屏障后，分别施加地面振源激励简谐荷载和桩振源激励简谐荷载，通过拾振点的竖向振动加速度幅频曲线和特征点值，对比分析两种隔振屏障措施对不同振动频率的隔振效果；并通过拾振点的竖向振动加速度振幅衰减系数 A_{RC}，对比分析两种隔振屏障措施对低频振动的隔振效果。

1.3.2　创新点

本书的创新点在于：

（1）锚杆与聚氨酯硬泡组合

聚氨酯硬泡性能良好且自重轻，锚杆作为聚氨酯硬泡连续屏障的多点支承约束，减小连续屏障的计算跨度，连续屏障受力更加合理，稳定性更好。

（2）锚杆布置方式对屏障系统固有频率的影响

基于屏障系统共振效应原理，研究锚杆的布置方式（包括排列形状、锚杆间距、锚杆直径）对屏障系统固有频率的影响，将数值计算结果与振源激励荷载的主要频率进行对比分析。选取本屏障系统最低固有频率大于主要振动频率时的锚杆布置方式，用作后续研究。

（3）锚杆约束的聚氨酯硬泡连续屏障隔振性能研究

对锚杆约束的聚氨酯硬泡连续屏障分别在地面振源激励简谐荷载和桩振源激励简谐荷载作用下的隔振效果进行研究，尤其是低频振动下的隔振效果研究。

1.4　本章小结

本章针对日益严重的环境振动问题，以及传统隔振屏障存在着对低频振动的隔振效果不理想这样的背景下，提出了锚杆约束的聚氨酯硬泡连续屏障这一新型隔振屏障。从连续隔振屏障和非连续隔振屏障两方面对国内外的研究现状进行概括和总结，指出了目前连续屏障隔振措施存在的问题，并结合现有的研究成果给出了本课题的主要研究内容、技术路线和主要的创新点。

第 2 章 土介质中波动理论及屏障的隔振机理

2.1 土介质中波动理论

当岩土介质在任何一点内受到动荷载的作用后，这种扰动引起的变形将以应力波的形式逐渐传播到介质的其他部位，周围的介质就会接收到新的振动能量也产生振动，使振动逐渐向远方传播，这种振动的传播过程称为波动。产生波动的局部振动体即为波源，而传播波动的物体则称为介质。波动是振动在土介质中的传播过程，只是能量的传递，而被迫振动的介质只是在原位上下振动，并没有随着振动波一起向远处前进，服从波动理论。引起振动的因素是多方面的，如地震作用、爆炸冲击、机器基础的振动以及人工激发的各种波动作用。

为分析问题的方便，对于小应变问题，通常可将岩土介质看作是理想的线弹性介质，利用经典的弹性理论来分析波在岩土介质中的传播特性。一般来说，按照振动的持续时间来分类，可将波分为连续波和脉冲波；而按照波阵面形式不同，可以把不同波源发出的波分为平面波、柱面波和球面波，对于不同的波动形式，将在土介质内产生不同的动力响应。有研究表明，工程建设、交通运输和工业生产等人类活动引发的振动，主要以两种不同形式的波向通过土介质向周围传播，分别是体波和面波。而根据波的传播方向和体波的振动方向不同，又可以把体波分为横波和纵波。

纵波是波动的一种（波动分为横波和纵波），亦称"疏密波"，通常被称为 P 波，是质点的振动方向与波传播方向相同的波，其特点是波的传播速度较快、振动周期短，在液体、气体和固体中都能传播。而横波又通常被称为剪切波或 S 波，其振动的特点是传播速度很慢，振动的周期大，只能在固体中传播。而根据横波偏振方位的不同，S 波又分为 SV 波和 SH 波，其中 SV 波是与射线垂直的入射面内的 S 波，SH 波是与射线和入射面垂直（与分界面平行）的 S 波。

当横波和纵波传播到地表或介质分界面时，在受到边界作用下，横波和纵波在一定条件的前提下相互叠加，将会激发一种沿地表或分界面传播的波，这就是面波，主要的面波有瑞利波和乐夫波。瑞利波又被称为 R 波，由 Rayleigh 在

1887 年首先指出其存在而得名，R 波的波速小于 P 波和 S 波，大概是 P 波波速的 0.5 倍，S 波波速的 0.9 倍。R 波的振动方向是以逆时针方向转动前进，转动方向与其传播方向相反，呈一逆进的椭圆轨迹传播，其水平振幅分量与竖直振幅分量之比约为 1/1.5，并且高频比低频衰减更快。激发振动时，从仪器上可以清楚地观察到，首先到达的是纵波，其次的横波，最后到达的才是瑞利波。从能量上看，瑞利波占振动能量的 67%，横波占总能量的 26%，纵波只占总能量的 7%，因此从仪器上记录到的波形记录上，从振动的幅度就很容易识别出瑞利波、横波和纵波。当瑞利波垂直自由向下传播时，最多只能传播到一个波长的深度，其中大部分能量都集中在 1/2 波长的深度范围内。因此，可以利用瑞利波的特点，在地球物理领域，瑞利波被经常被用来探测不同深度的地层。由于波在界面上发生透射、反射、干涉、衍射等现象，还会产生广义瑞利波和乐夫波，在本书中不做介绍。

生活实践表明，土介质在受到外力作用后会激发振动向远处传播，当引发振动的外力因素消失后，振动会由于能量的逐渐衰弱逐渐停止，根据能量守恒定律可知，振动能量不会平白消灭，而是受到阻尼作用。一部分振动能量会随着振动向前传播，随着离振源中心的距离增大而波前也增大，使每一种波能密度或位移幅值减小，这被称之为几何阻尼或辐射阻尼，主要在近场起主导作用。还有一部分振动能量在土介质或其他材料介质之间相互摩擦或被其他原因所吸收，这被称之为材料阻尼或内阻尼，在远场起主要作用。

根据理论和工程实用分析，近源波动场和远源波动场可用下列的公式进行判别 [59]：

$$一般土场地：r = 0.25\lambda_R \ (\mu \geqslant 0.35) \tag{2-1}$$

$$较硬岩石土地：r = 5.0\lambda_R \ (\mu \leqslant 0.30) \tag{2-2}$$

其中，μ 为场地泊松比，λ_R 为瑞利波波长，当 r_0 小于 r 时为近场波动，当 r_0 大于 r 时为远场波动。

实际土体中振动波的传播与衰减规律很复杂，Bornitz 在理论的基础上结合工程实际，并考虑材料阻尼和几何阻尼的影响，提出了地面振动衰减公式 2-3，后来学者有关振动波的传播与衰减规律的研究大多是以该公式为基础的：

$$A_r = A_0 \sqrt{\frac{r_0}{r}} \cdot \exp[-\beta(r - r_0)] \tag{2-3}$$

其中，A_r 为距振源中心点 r 处土的振动幅值；A_0 为距振源中心点 r_0 处的基础点的振动幅值；β 为土的能量吸收系数。

由于考虑到振动波的传播和衰减不仅与土体性质有关，而且与振源频率、振源特性（稳态或瞬态）、振动能量、体波效应（尤其在近场，一般计算的结果在近源处偏大，在远源处偏小）等因素有关，我国学者杨先建在1970年提出了面源时的衰减公式，即

$$A_r = A_0 \sqrt{\frac{r_0}{r}\left[1-\xi_0\left(1-\frac{r_0}{r}\right)\right]} \cdot \exp[-\alpha_0 f_0 (r-r_0)] \qquad (2-4)$$

式中，A_r 为距振源中心点 r 处的振动幅值；A_0 为距振源中心点 r_0 处的基础点振动幅值；f_0 为振源频率（Hz）（稳态时为扰频，瞬态时为基频）；r_0 为振源半径（m）；ξ_0 为与振源面积有关的几何衰减系数。

学者王贻荪对上式进行了改进，给出了我国《动力机器基础设计规范》中的推荐公式（2-5）：

$$A_r = A_0 \left[\frac{r_0}{r}\xi + \sqrt{\frac{r_0}{r}}(1-\xi) \cdot \exp[-\alpha_0 f_0 (r-r_0)]\right] \qquad (2-5)$$

其中，ξ 为与振源面积有关的几何衰减系数，其他符号定义同式（2-4）。

2.2 屏障的隔振原因

工业生产、交通运输和建筑施工等人工活动产生的振动以波动的形式向周围传播，而屏障隔振是一种在振源与和需要隔振的区域之间设置屏障的工程方法，改变波的传播路径，当振动波传播到屏障处时，会发生反射和折射现象，大部分波会被反射回去，再加上屏障的吸能效应，只有少部分振动波能够穿过屏障或从屏障底部绕射过去，这样屏障后的振动会大大减少，以达到隔振的效果。

屏障隔振的原理是建立在振动波的反射、折射和透射基础上的，其本质就是振动波和设置在均匀弹性地基中的非均匀介质（隔振屏障）之间的相互作用。因此，就出现了两个问题：

（1）振动波在不同介质分界面上是如何反射和折射的；

（2）屏障的材料性质如何影响其隔振性能。

2.2.1 波的反射和折射

振动波传播到不同介质的分界面时，会发生反射和折射作用，而且在不同介质的分界面波振动波的作用效果也不同。当 P 传播到不同介质的分界面时，会激发出 P_1 和 SV_1 两种反射波，同时也会激发出 P_2 和 SV_2 两种折射波，如图2-1所示，这几种波之间的关系如公式（2-6）所示：

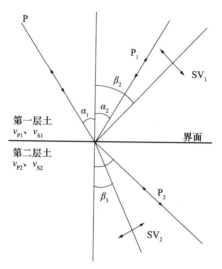

图 2-1　入射 P 波

$$\frac{\sin\alpha_1}{v_{P1}}=\frac{\sin\alpha_2}{v_{P1}}=\frac{\sin\beta_2}{v_{S1}}=\frac{\sin\alpha_3}{v_{P2}}=\frac{\sin\beta_3}{v_{S2}}$$ （2-6）

　　S 波传播时可看作是两个振动方向的传播，一个为与质点振动垂直的 SV 波，另外一个为与质点振动水平的 SH 波。SV 波传播在不同介质分界面时，会激发出 P1、SV1 两种反射波，也会激发出 P1、SV1 两种折射波，如图 2-2 所示，且它们之间关系满足公式（2-7）：

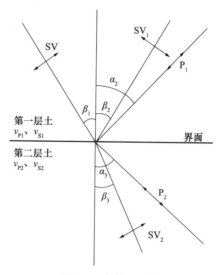

图 2-2　入射 SV 波

$$\frac{\sin\beta_1}{v_{S1}}=\frac{\sin\alpha_2}{v_{P1}}=\frac{\sin\beta_2}{v_{S1}}=\frac{\sin\beta_3}{v_{S2}}=\frac{\sin\alpha_3}{v_{P2}}$$ （2-7）

而当 SH 波到达不同介质的分界面上时，只会激发出一种反射波 SH_1 和一种折射波 SH_2，如图 2-3 所示，且它们之间满足如下关系式：

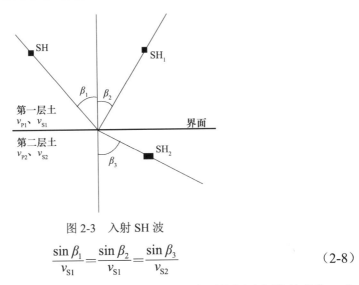

图 2-3　入射 SH 波

$$\frac{\sin \beta_1}{v_{S1}} = \frac{\sin \beta_2}{v_{S1}} = \frac{\sin \beta_3}{v_{S2}} \tag{2-8}$$

对于振动波在不同介质分界面发生反射和折射效应后的振动幅值的变化，也有很多专家进行了更加深入细致的研究，在此不另做介绍了。

2.2.2　屏障的隔振机理

隔振屏障之所以能够在土体中反射和吸收振动波，其主要原因是屏障材料与地基土介质的物理力学特性不同，这里便要引入波阻抗这一概念，其定义为：地震波在地基土中传播的过程中，作用于某一截面面积上的压力同单位时间内垂直通过该面积的质点流量之比，具有阻力的含义，其大小上为介质密度 ρ 与波速 v 之积。

图 2-4 表示振动在地基土（Ⅰ）内产生，以振动波的形式向 X 方向传播，将穿过厚度为 D 的隔振屏障（Ⅱ），再沿 X 方向在地基土（Ⅲ）中传播的情况。我们把地基土（Ⅰ）、隔振屏障（Ⅱ）和地基土（Ⅲ）都看做弹性体，假设地基土的密度为 ρ_1，波速为 v_1，隔振屏障的密度为 ρ_2，波速为 v_2。振动波 U_1 在地基土（Ⅰ）中传播遇到隔振屏障后分解为以下四种波：（1）在 $X = 0$ 界面向地基土（Ⅰ）反射的波 U_s；（2）振动波进入隔振屏障（Ⅱ）的透射波 U_t；（3）在 $X = D$ 界面向隔振屏障（Ⅱ）反射的波 U_{s1}；（4）隔振屏障传入地基土（Ⅲ）的透射波 U_{t1}。这四种波和振动波 U_1 保持着一定比例关系的。

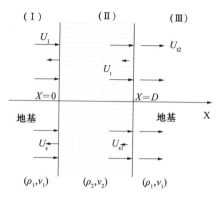

图 2-4　振动波经过屏障时的传播情况

假设振动波 U_1 以角频率 n、振幅 A_0 作稳态简谐波动，则有：

$$U_l = A_0 \sinh (Vt - x) \tag{2-9}$$

式中，$h = n/v; V = [(1 - \sigma) E/\{(1 + \sigma)(1 - 2\sigma) p\}]^{1/2}$，$\sigma$ 为泊松比，E 为弹性模量。

在 $X = D$ 界面 [即（Ⅱ）和（Ⅲ）的交界面] 与 $X = 0$ 面（即（Ⅰ）和（Ⅱ）的交界面）波的振幅之比，称为振幅衰减系数，记为 A_{RF}。

$$A_{RF} = \frac{4\alpha}{\sqrt{2\left[2(1+\alpha^2)^2 - (1-\alpha^2)^2\left(1 + \cos 2\beta \dfrac{2\pi}{\lambda} D\right)\right]}} \tag{2-10}$$

式中，$\alpha = \rho_2 v_2 / \rho_1 v_1$，称为波阻抗比，在屏障隔振研究中即为屏障材料的波阻抗与地基土的波阻抗的比值。

吴英华[60]对屏障的隔振效果与波阻抗比进行研究，并以 nD/V 为横坐标，以 α 为参数，其中 n 为角频率，V 为屏障内波速，D 为屏障厚度，则可从公式（2-10）给出的振幅衰减系数 A_{RF} 得到如图 2-5 所示的关系曲线。

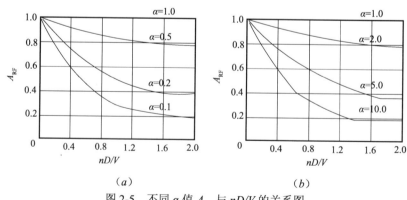

图 2-5　不同 α 值 A_{RF} 与 nD/V 的关系图

由图 2-5 可以看出来，没有屏障时，即在自然状态地基的情况下，$\alpha = 1$，A_{RF} 也恒等于 1，入射波全部通过，没有隔振效果。而当 $\alpha > 1$ 或 $\alpha < 1$ 时，有隔振效果，且 α 越大或越小，其隔振效果越好。这给我们在进行屏障隔振设计时提供了思路，要想达到很好的隔振效果，可以选用波阻抗较小的柔性材料，也可以选用波阻抗很大的刚性材料。表 2-1 列举了一些常用材料的波阻抗值。

不同材料的波阻抗

表 2-1

材料	密度 ρ（kg/m³）	波速 v（m/s）	波阻抗 α（kg/m²·s）	波阻抗比
地基	1400	140	1.96×10^5	1.00
混凝土	2400	2400	5.76×10^6	29.39
聚氨酯类	30	250	7.5×10^3	3.83×10^{-2}
空气	1.29	343	4.14×10^2	2.12×10^{-3}
水	1000	250	1.48×10^6	7.55
铝	2700	6300	1.70×10^7	86.73
钢	7700	6100	4.70×10^7	2.40×10^2

第3章　有限元数值分析基本原理

工程技术领域中许多力学问题和场问题，如固体力学中的位移场、应力场分析、振动特性等，都可以归结为在给定边界条件下求解其控制方程（常微分和偏微分方程）的问题。这类问题通常的解决方案有两种：一是对方程和几何边界引入简化假设，但会产生较大的误差甚至出现错误的解答；二是采用数值解法。近四十年来，随着电子计算机的飞速发展及应用，数值解法逐渐成为求解科学技术问题的主要工具。数值解法尤以有限单元法、有限差分法、边界单元法等为代表。

3.1　有限元数值模拟方法概述

有限元法的基本思想：先把一个原来是连续的系统（包括杆系、连续体、连续介质）剖分成有限个单元，且它们相互连接在有限个节点上，再对每个单元分块近似的思想，由力学关系（几何方程、物理方程、平衡方程等）和位移插值函数建立求解未知量与节点相互之间的关系，最后把所有单元的这种特性关系按一定的条件（变形协调条件、连续条件或变分原理及能量原理）整合起来，引入边界条件，就得到一组以节点位移为未知量的线性代数方程，求解这个方程组就得到节点位移，然后得到所要求的变量。所以，有限元法实质上是把具有无限个自由度的连续系统，理想化为只有有限个自由度的单元集合体，使问题转化为适合于数值求解的结构性问题[61]。

3.2　有限元数值分析的参数设计

在运用有限元法对地面振动进行数值模拟计算时，模型规模的大小、单元网格尺寸的大小、阻尼的处理、时间积分步长的选择以及土体动力学参数的确定等，都对数值计算结果有着至关重要的影响。由于天然地基土的无限性，从地基土无限域截取出有限大小的人工模型，必然要考虑模型人工边界的模拟方法，以消除边界上的振动波反射对模拟精度的影响。下面将对这些问题逐一进行讨论。

3.2.1 计算假定

已有的研究结果表明，当天然土受力后的应变为 $\varepsilon < 10^{-4}$ 时，土颗粒之间的连接几乎没有遭到破坏，土骨架的变形能够恢复，并且土颗粒之间的相互位移所消耗的能量也很小，可以忽略塑性变形，这时可以认为土体处于理想的黏弹性状态，即可以将土体视为弹性体。振动荷载在土介质中产生的应变较小，一般为 $\varepsilon < 10^{-4}$，所以计算假定[62]：

（1）土介质为符合线弹性模型的水平成层半空间，即引进平面应变假定；地下结构材料简化为均质各向同性弹性体。

（2）计算中按总应力法进行考虑。

3.2.2 计算模型尺寸的确定

涉及半空间无限土层的振动模拟计算时，模型大小范围是单元网格划分时的一个重要问题，若范围选取过大，虽计算结果较精确，但运算时间过长且对机器内存提出较高要求；若范围选取过小，计算结果将受人工边界的影响而产生较大误差。沈霞[63]把模型的水平范围和深度比作为参数，比较了参数不同时模型的振型后，认为分析地铁振动时，若不加人工边界条件，有限元模型应取分析的土层厚度的 3 倍，竖向至少应取土层厚度的 2/3。杨永斌[64]分析地面高速列车的振动问题时认为，计算模型的宽度和深度应取感兴趣的剪切波波长 λ_s 的 $1 \sim 1.5$ 倍。

3.2.3 单元网格大小的确定

可以从理论上证明，当网格尺寸足够小时，用有限元离散模型代替连续介质在分析振动波传播问题时引起的离散误差可忽略不计。因此划分网格时单元的最小尺寸与波长应当满足一定关系。研究表明[65]：当单元的尺寸和土层中剪切波长存在 $L = \lambda_s/12$ 时，可以得到足够精确的结果；当 $L = \lambda_s/6$ 时，除了振源附近 $0.5\lambda_s$ 以内外，其余位置可以得到比较精确的结果。

在实际分析中，对于土层中的剪切波，其波速、波长和频率满足关系式（3-1），而对于给定土体材料剪切波波速往往是不变的，那么波长就和频率呈反比关系。

$$\lambda_s = v_s/f \qquad (3-1)$$

在选择单元尺寸的时候，振动波频率范围成了重要的考虑因素，为了使单元尺寸能够保证整个模型在关心频段内振动响应的计算精度，在使用式（3-2）计算剪切波长时选用所关心频段的最高频率 f_U。由此得出网格尺寸大小不得超过：

$$L_{max} = \lambda_s / 6 = \frac{v_s}{6 f_U} \tag{3-2}$$

3.2.4 时间积分步长的确定

运用有限元法在时域内求解振动问题时，必须保证计算过程的稳定性。时间步距 Δt 选取过大，将损失高频成分，导致精度降低，严重时导致计算发散。而时间步距选取过小，则耗费机时，且累积误差也将影响计算精度。吴良芝[66]认为在动力分析问题中，时间步距一般应小于模型自振周期的 1/10，当时间步距取为自振周期的 1/50 时，计算结果的误差可不予考虑。显然，时间步长的选取应该考虑振源激励频率范围，时间步长应该小于关心的振动周期的一半，这样得到的振动时程才满足采样定理的要求。

3.2.5 土体动力参数的确定

土层的动参数主要包括剪切波速 C_s、弹性模量 E、泊松比 υ 等。本书涉及的自然土层参数来自武汉中南剧场周边土体地质勘察资料。如表 3-1 所列。

计算土层的动力参数

表 3-1

材料		层厚（m）	密度 ρ（kg/m³）	弹性模量 E（MPa）	剪切波速 C_s（m/s）	泊松比 υ
场地土层参数	杂填土	2	1890	59.5	110	0.3
	灰褐色粉质黏土	3	1920	112.3	150	0.3
	灰色粉质黏土	4	1880	195.5	200	0.3
	粉砂、粉土夹粉质黏土	3	1700	397.8	300	0.3
	青灰色粉砂	11	1800	494.3	325	0.3
	灰色粉细砂	7	1850	540.8	340	0.3

材料		层厚（m）	密度 ρ（kg/m³）	弹性模量 E（MPa）	剪切波速 C_s（m/s）	泊松比 υ
其他材料	聚氨酯硬泡		45	5		0.4
	锚杆（钢筋外裹水泥砂浆）		2500	205000		0.2
	混凝土		2400	25500		0.2

根据土的密度和剪切波速可以求得土介质的剪切模量 G，

$$G = C_s^2 \cdot \rho \tag{3-3}$$

其中，C_s 为土的剪切波速，ρ 为土的密度。进而可以求得土的动弹性模量 E，

$$E = 2(1 + \upsilon)G \tag{3-4}$$

其中，υ 为泊松比。

3.2.6　阻尼参数的确定

阻尼的机理非常复杂，它与结构周围介质的黏性、结构本身的黏性、内摩擦耗能、地基土的能量耗散等有关。通常结构采用（Rayleigh）阻尼，即：

$$[C] = \alpha[M] + \beta[K] \tag{3-5}$$

式中，$[C]$ 为结构的阻尼矩阵；$[M]$ 为结构的质量矩阵；$[K]$ 为结构的刚度矩阵；α 为 Alpha 阻尼，也称质量阻尼系数；β 为 Beta 阻尼，也称刚度阻尼系数。这两个阻尼系数可通过振型阻尼比计算得到，即：

$$\alpha = \frac{2\omega_i\omega_j(\xi_i\omega_j - \xi_j\omega_i)}{\omega_j^2 - \omega_i^2} \tag{3-6}$$

$$\beta = \frac{2(\xi_j\omega_j - \xi_i\omega_i)}{\omega_j^2 - \omega_i^2} \tag{3-7}$$

式中，ω_i 和 ω_j 分别为结构的固有频率，ξ_i 和 ξ_j 分别为相对应振型的阻尼比。一般取前两阶频率和相对应的阻尼比，相对应的阻尼比约在 2%～20% 范围内变化[67]。

阻尼比的选取对计算结果有较大的影响，为了提高结构动力响应的计算精度，常选用两个参与系数相对较大的阻尼比作为参数。在计算土体振动时，低频振动占主导地位，因此阻尼比应当依据一定的频率来设置。通过令 $f_1 = 10\text{Hz}$ 和 $f_2 = 80\text{Hz}$ 的阻尼比为 0.05（0.05），从而计算出其余频率的阻尼比，以确保高频

振动不被阻尼滤掉。在此情况下，各频率值的阻尼比大小关系见图 3-1，可见对于 5Hz 以上的振动成分阻尼比变化不大。

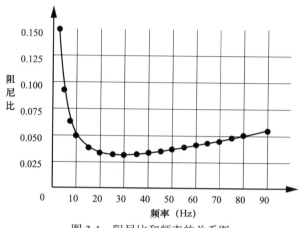

图 3-1　阻尼比和频率的关系图

3.2.7　动力边界条件的确定

对于地表振动响应问题，土层具有无限边界，因此怎样模拟无限土层是动力响应分析的一个关键环节，实质上就是如何选择边界条件。在土的成层性、振动波的反射等因素影响下，当振动波传递到人工边界时，经常会发生反射现象，会对最终计算结果产生误差。所以说，如何选择边界条件是动力响应分析课题中的重要一环，边界条件处理的好坏会对计算精确程度产生直接影响。

为了能够精确地模拟激励荷载下土层的振动响应，本书采用黏弹性人工边界进行计算。该边界条件能够很好地模拟土体的弹性恢复功能，在低频和高频稳定性方面具有很好效果。黏弹性人工边界在多种有限元软件中已经得到实现，其能够反映未选取和未划分网格的土体，通过工程实践验证，证明其具有良好的精确度。

本书主要采用黏弹性人工边界中的弹簧-阻尼器边界单元[68]，弹簧-阻尼器边界单元主要模拟在有限元模型中边界分布的离散节点，其具体表现形式如图 3-2 所示；弹簧-阻尼器组合元件如图 3-3 所示。

在有限元模型边界节点的法向和两个切向上分别延伸一个弹簧-阻尼器单元，如图 3-3 所示，单元内的每根弹簧和每个阻尼器同时连接于边界节点位置，两者呈现出并联关系，边界上的动力传播可以在该边界上得到较为有效的模拟。

边界上的法向弹簧刚度 K_{BN} 和阻尼系数 C_{BN} 的值由公式（3-8）进行求解计

算；切向弹簧刚度 K_{BT} 和阻尼系数 C_{BT} 的值按公式（3-9）进行求解计算[69]：

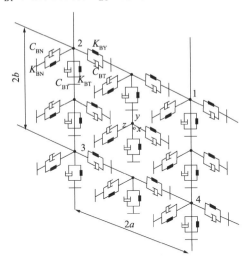

图 3-2 黏弹性人工边界示意图

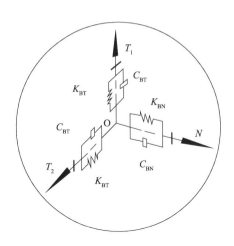

图 3-3 弹簧-阻尼元件系统示意图

$$K_{BN} = \alpha_N \frac{G}{R} \qquad C_{BN} = \rho C_p \qquad （3-8）$$

$$K_{BT} = \alpha_T \frac{G}{R} \qquad C_{BT} = \rho C_s \qquad （3-9）$$

式中，K_{BN} 为法向弹簧刚度；K_{BT} 为切向弹簧刚度；C_{BN} 为法向阻尼器的阻尼系数；C_{BT} 为切向阻尼器的阻尼系数；R 为振动波到边界点的距离；G 为介质的剪切模量；ρ 为介质的质量密度；E 为介质的弹性模量；C_s 和 C_p 分别为介质中的剪切波速和压缩波速；α_T 和 α_N 为人工边界参数的计算系数。

假如缺乏实验条件，上述两公式中的剪切波速 C_s 和压缩波速 C_p 可以采用如下公式进行计算：

$$剪切波速\,C_s=\sqrt{\frac{G}{\rho}}；\quad 压缩波速\,C_p=\sqrt{\frac{E(1-\upsilon)}{\rho(1-2\upsilon)(1+\upsilon)}}；\quad 其中 \upsilon 为泊松比。$$

在二维平面有限元计算中，人工边界的计算参数 α_T 和 α_N 模拟的波仅仅只是表现为平面波，而在三维有限元计算中，波的传播形式完全不同于平面波，所以人工边界的计算系数 α_T 和 α_N 采用的取值也不同。根据前人[70] 的大量算例分析和计算，给出了表 3-2 中的推荐数据。

黏弹性人工边界计算参数 α_T 和 α_N 的取值　　　　　表 3-2

模型类型	人工边界参数	取值范围	推荐值
二维模型	α_T	$0.35 \sim 0.65$	1/2
	α_N	$0.8 \sim 1.2$	1
三维模型	α_T	$0.5 \sim 1.0$	2/3
	α_N	$1.0 \sim 2.0$	4/3

3.3　本章小结

本章主要阐述了有限元数值分析的基本原理，介绍了使用有限元软件计算时遇到的相关问题以及求解的基本思想，详细地介绍了利用有限元法对地面振动进行数值模拟分析时，对模型规模的大小、单元的尺寸以及时间步长的确定，对土体阻尼参数的处理，如何选择人工边界条件等问题，这些对数值模拟分析的可靠性与准确性有重要影响，直接影响着数值计算的精确程度，也为后续有关屏障隔振方面的研究打下坚实的基础。

第4章　锚杆的布置对屏障系统固有频率的影响

随着城市建设不断发展，人们生活质量不断提高，城市轨道交通（地铁、高架等）引起的环境振动问题越来越受到人们的关注。轨道交通激励荷载作用产生的低频（＜10Hz）振动在土中衰减速度要远小于高频振动，其传播距离更远，影响范围更大。高广运[71]在分析屏蔽区振动放大异常现象时提出了次生振源这一概念，即入射波频率和屏障系统的固有频率达成某一关系后，将激发屏障系统振动，形成第二振源向隔振区辐射振动波，这也是低频振动引起屏障系统二次振动的主要原因。值得注意的是，传统的连续隔振屏障如空沟、连续墙等对中高频振动有较好的隔振效果，而对衰减较慢的低频振动则效果不理想。若想传统的隔振屏障对低频隔振有较好的效果，屏障需要足够的深度，导致施工往往难以实现。上述原因就决定了传统的连续隔振屏障对低频振动的隔振效果较差。

4.1　屏障系统共振效应

将声学理论引入屏障隔振，我们可以得到屏障的共振效应。当入射波的波长投影在屏障上的长度刚刚和屏障所固有的弯曲波长相等时，将会激发屏障的固有振动，屏障不但起不到隔振作用，反而会增大地面振动，这就是共振效应[72]。将弹性媒介中的波动应力和声学理论中声压的概念建立起物理关系，即可得到振动波共振效应的关系，这属于平面应变问题，且只考虑了反对称弯曲振动下引起的 Z 轴方向（竖直方向）屏障的表面位移，等价于无限弹性介质中平面 P 波对无限大各向同性屏障的作用，则 $P_d = KA(kN/m^2)$，K 为弹性介质的刚度系数（kN/m³），A 为屏障的位移值。P_d 可与声学的 P_s 比拟，$P_s = \rho_0 C V_r(kN/m^2)$，$\rho_0$ 为空气的密度（kg/m³），V_r 为空气的径向速度（m/s），C 为空气中的声速（m/s）。可得无限弹性介质中屏障弯曲振动横向位移 W_b：

$$W_b = \frac{2P_d}{\rho_p d\omega^2} \cdot \frac{1}{\dfrac{B\omega^2}{\rho_p dV_p^4}\sin^4\theta - 1} \tag{4-1}$$

式中，$B = \dfrac{1}{12}\dfrac{Ed^3}{(1-\mu^2)}$ 为屏障弯曲刚度，E 和 μ 为弹性模量和泊松比，当产生共振效应时，W_b 取极大值时，即式中的分母为零，得共振频率为：

$$f_c \approx 0.551 V_p^2 / (C_p d \sin^2 \theta) \qquad (4-2)$$

式中 V_p 为介质的 P 波波速；$d = 2a$ 为屏障厚度；$C_p = \sqrt{E/[\rho_p(1-\mu^2)]}$ 为屏障 P 波波速；ρ_p 为屏障的密度（kg/m³）；θ 为 P 波入射角。

综上所述，为了提高屏障系统对低频振动的隔振效果，就要避免产生隔振屏障系统共振效应，避免产生次生振源。然而入射波的频率只受振源自身的影响，因此最根本办法就是避免屏障系统的临界固有频率与入射波的频率发生相互共振。基于这一思想，就是要提高屏障系统的临界固有频率，使其远大于入射波的频率。而下面的工作就是研究锚杆的布置对锚杆约束的聚氨酯连续屏障的固有频率的影响。

4.2　锚杆的布置对屏障系统固有频率影响

根据国内外现有对屏障隔振的研究得知，振动波在传播路径上经过一定的距离之后，大部分中高频振动波的能量很快被传播介质阻尼所消耗，能够到达隔振屏障的是衰减速度慢、传播距离远、影响范围大的低频振动波和少部分的中高频振动波。基于以上研究结果，为了更好地分析锚杆的设置是否能提高屏障系统的固有频率，通过 ANSYS 有限元分析软件建立模型进行数值计算分析。

1. 方案设计

数值模型计算研究主要有两个方面的内容：一是沿振动波的传播方向上，距离聚氨酯硬泡连续屏障多远时，屏障系统的固有频率才能远大于低频振动波的入射频率（< 10Hz）；二是聚氨酯硬泡连续屏障和锚杆的设置能否提高屏障系统的固有频率。

方案 A：沿振动波传播方向上的屏障系统尺寸对屏障系统固有频率的影响

对于激励荷载下的低频振动，振动波衰减速度慢、传播距离远，为了进一步了解在沿着振动波传播方向（即连续屏障的厚度方向）上，距离连续屏障多远时，整个屏障系统的固有频率能够远大于入射波的频率。本方案只改变沿着振动波传播方向上的屏障系统尺寸，保持其他两个方向的屏障系统尺寸不变，分别建立屏障系统数值模型，计算出屏障系统的固有频率，然后进行比较分析。

方案 B：锚杆的设置能否提高屏障系统的固有频率

为了更好地了解在土体中聚氨酯硬泡连续屏障和锚杆的设置能否提高屏障系

统的固有频率，本方案分别建立"土体""混凝土连续墙-土体""聚氨酯硬泡连续屏障-土体-锚杆"三种屏障系统数值模型，通过模态分析计算出第一阶频率，即固有频率，然后对其固有频率进行比较分析，从而来确定聚氨酯硬泡连续屏障和锚杆的设置能否提高屏障系统的固有频率。

2. 屏障系统有限元建模

对于屏障系统模型的大小，根据模型尺寸大小的选取与研究振动波波长的相关关系，建立"聚氨酯硬泡连续屏障-土体-锚杆"基本屏障系统数值模型，故基本模型长度取为40m（Z轴方向），宽度为12m（X轴方向），深度为12m（Y轴方向），即最上面的四层土体。聚氨酯硬泡连续屏障的长度取为40m，深度为12m，宽度为0.5m。如图4-1锚杆的长度与屏障系统模型的宽度相等，锚杆直径为10cm，按矩形排列，锚杆间距为2m。对于单元网格尺寸大小的确定，一方面受到模型大小和模型材料参数的限制，另一方面还考虑到聚氨酯硬泡连续屏障的厚度为0.5m，为了保证能在屏障厚度方向上至少有两层单元，故考虑单元网格尺寸为$L^N = 0.25$m。而在第3章中讨论了单元尺寸的选取，最大单元尺寸应满足式（3-2）。

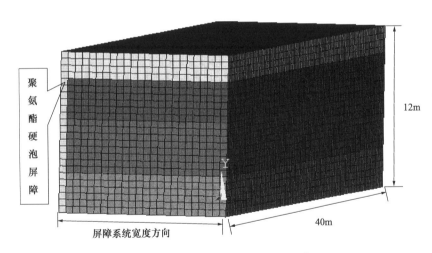

图 4-1 屏障系统模型的有限元网格

式（3-2）中说明最大单元尺寸受到剪切波波长的限制，波长越长则单元尺寸越大，式中剪切波速取决于土体材料属性，频率越高则波长越短，因此确定单元网格尺寸时应该以最高频率为计算依据。而在后面的振动频率效应分析中最高频率取80Hz，则剪切波速为120m/s，而土层的最低剪切波速为110m/s，故能满足精度要求。综上所述，将屏障系统基本模型的参数信息汇总于表4-1。

屏障系统基本模型参数　　　　　　　　　　　　　表 4-1

模型大小	长度	宽度	深度	单元尺寸
	40m	12m	12m	0.25m
屏障大小	长度	宽度	深度	单元尺寸
	40m	12m	0.5m	0.25m
锚杆	直径	间距	排列形状	单元尺寸
	10cm	2.0m	矩形排列	0.25m

　　土体材料参数主要包括密度、弹性模量、泊松比等，而屏障系统模型用到的土体、聚氨酯硬泡、锚杆等材料参数见第 2 章。现为方便起见，将其参数一并列入表 4-2 中。

屏障系统模型的材料计算参数　　　　　　　　　　表 4-2

	材料	层厚（m）	密度 ρ（kg/m³）	弹性模量 E（MPa）	剪切波速 C_s（m/s）	泊松比 v
土层参数	杂填土	2	1890	59.5	110	0.3
	灰褐色粉质黏土	3	1920	112.3	150	0.3
	灰色粉质黏土	4	1880	195.5	200	0.3
	粉砂、粉土夹粉质黏土	3	1700	397.8	300	0.3
其他材料	聚氨酯硬泡	0.5	45	5		0.4
	锚杆（钢筋外裹水泥砂浆）		2500	205000		0.2
	C30 混凝土		2400	25500		0.2

　　锚杆的长度与屏障系统模型的宽度相等，锚杆直径为 10cm，按矩形排列，锚杆间距为 2m。

　　锚杆的排列形状有矩形和梅花形两种，其在屏障系统中的布置见图 4-2 和图 4-3。

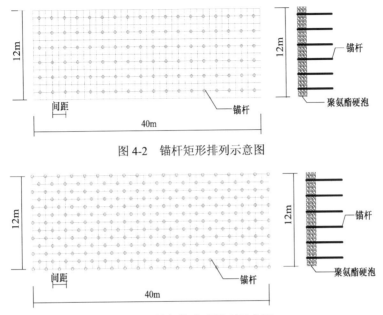

图 4-2 锚杆矩形排列示意图

图 4-3 锚杆梅花形排列示意图

为了更好地利用有限元模型去模拟半无限空间问题，对屏障系统的底面和长度方向的面施加黏弹性边界条件；而在宽度方向上有屏障的这一面施加黏弹性边界条件，另一面施加硬约束边界条件；表面仍为自由面。

3. 工况设计

在基本模型的基础上，分别按宽度为 12m、5m、4m、3m、2m 建立"土体""混凝土连续墙-土体""聚氨酯硬泡连续屏障-土体-锚杆"三种情况的屏障系统数值模型，共 15 个工况。如表 4-3 所列。

屏障系统的宽度参数分析工况表　　　　　　　　　　　　表 4-3

工况编号	屏障系统宽度（m）	屏障系统材料	屏障系统其他尺寸
S-W2m	2		
S-W3m	3		
S-W4m	4	土体	长度：40m 深度：12m
S-W5m	5		
S-W12m	12		

续表

工况编号	屏障系统宽度（m）	屏障系统材料	屏障系统其他尺寸
JS-W2m	2	土体 混凝土	土体长度：40m 土体深度：12m 混凝土长度：40m 混凝土厚度：0.5m
JS-W3m	3		
JS-W4m	4		
JS-W5m	5		
JS-W12m	12		
JSM-W2m	2	土体 聚氨酯硬泡 锚杆	土体同上 聚氨酯硬泡宽和厚同上 锚杆直径：10cm 锚杆排列形状：矩形 锚杆间距：2.0m
JSM-W3m	3		
JSM-W4m	4		
JSM-W5m	5		
JSM-W12m	12		

4. 计算结果

"土体""混凝土连续墙-土体""聚氨酯硬泡连续屏障-土体-锚杆"三种不同屏障系统的固有频率随屏障系统宽度变化值以表 4-4 列出。

不同屏障系统的固有频率随屏障系统宽度变化值表 表 4-4

固有频率（Hz）	土体	混凝土	有锚杆的聚氨酯
屏障系统宽度 2m	14.848	15.368	22.232
屏障系统宽度 3m	11.945	12.664	14.847
屏障系统宽度 4m	10.243	10.987	11.647
屏障系统宽度 5m	9.101	9.917	10.825
屏障系统宽度 12m	6.14	6.826	7.872

"土体""混凝土连续墙-土体""聚氨酯硬泡连续屏障-土体-锚杆"三种不同

的屏障系统的固有频率随屏障系统宽度的关系变化如图 4-4 所示。

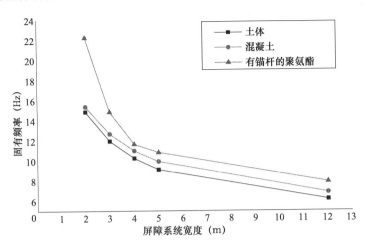

图 4-4　不同屏障系统的固有频率随宽度的变化曲线

5. 分析小结

从以上的曲线可以总结以下特点：

（1）"混凝土连续墙-土体"、"土体""聚氨酯硬泡连续屏障-土体-锚杆"三种不同的屏障系统的固有频率依次增大。"混凝土连续墙-土体"的固有频率略大于"土体"的固有频率，但两者相差不大。而"聚氨酯硬泡连续屏障-土体-锚杆"的固有频率大于前两者，一方面由于锚杆的设置，增强了对土体的约束，使得屏障系统的刚度增大，另一方面锚杆本身的自振频率大于土体的自振频率，从而整个屏障系统的固有频率得以提高，这也说明了锚杆的设置能够提高屏障系统的固有频率。

（2）三种屏障系统的固有频率都随着屏障系统的宽度的增加而减小。当屏障系统宽度为 2m 时，"聚氨酯硬泡连续屏障-土体-锚杆"屏障系统的固有频率远大于其他两种屏障系统的固有频率，达到 22Hz 左右。但当屏障系统宽度为 12m 时，三种屏障系统的固有频率均为 7Hz 左右，这是因为随着屏障系统宽度的增大，锚杆的体积远小于土体的体积，即使锚杆的自振频率大于土体的自振频率，仍然很难大幅度提高屏障系统的固有频率，以满足预期的目标要求。这也说明只有当屏障系统宽度较小时，锚杆的设置能明显提高"聚氨酯硬泡连续屏障-土体-锚杆"屏障系统的固有频率，且大于低频振动波的入射频率（< 10Hz）。

（3）通过上面的数值计算，锚杆的设置明显能够提高宽度为 2m 的"聚氨酯硬泡连续屏障-土体-锚杆"屏障系统的固有频率。因此可以采用宽度为 2m 的

"聚氨酯硬泡连续屏障-土体-锚杆"屏障系统作为参数分析模型，来进行屏障系统的固有频率对锚杆参数的敏感性分析研究。

4.3 屏障系统固有频率对锚杆参数的敏感性分析

4.3.1 锚杆参数的敏感性分析方案设计

参数敏感性分析最重要的就是参数的选取和分析方案的设计。参数的选取反映的是对主要矛盾的把握，这需要我们具备足够的理论基础和实践经验，并且对工程问题的特点有一定的认识。而分析方案的设计具有较强的技巧性，特别是当参数种类和数量都较多的时候，如何用一个层次合理、涵盖面广且容量适度的方案将各参数架构起来，对我们是个巨大的考验。下面将着重讨论屏障系统固有频率对锚杆参数敏感性分析方案的建立，利用有限元法，围绕屏障系统固有频率对锚杆参数的敏感性这一问题进行探讨，总结锚杆各参数对屏障系统固有频率的影响规律，为隔振屏障系统的工程设计和优化提供参考。

1. 锚杆参数的选取

经过上一节屏障系统共振效应理论、国内外相关研究结论和数值计算等方面的总结，本书认为影响屏障系统固有频率的锚杆参数主要有锚杆间距、排列形状和锚杆直径（图 4-5）。下面将讨论如何建立起参数分析方案的框架以便把上述三类影响因素能充分合理地架构起来。

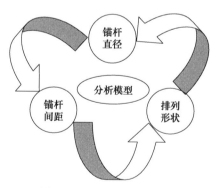

图 4-5 参数分析基本模型

2. 参数敏感性分析方案架构

参数敏感性分析是一个繁杂的问题，影响因素较多，参数分析方案若没有一个好的架构，研究思路将会显得凌乱，导致重点不突出、逻辑不严谨、工作量繁重，最终给研究工作本身带来极大困难。本书在进行参数敏感性分析时，采用如

图 4-6 所示的参数分析方案架构，即选取一个分析模型，一切参数分析将以基本模型为中心，围绕它进行一系列工况设计并进行数值分析。所以这个模型的建立不仅要从技术可行性、方案代表性、操作灵活性方面综合考虑，而且从某种意义上它还要符合工程实际，从而为实际工程应用提供设计和优化参考。

关于分析模型中所涉及的各种参数称为基本参数，根据其特点和用途可以分成以下两大类：

（1）固定参数

固定参数反映的是基本模型的固有特征，如模型尺寸、网格大小、土体材料、聚氨酯硬泡、锚杆等，在参数敏感性分析时这些参数保持不变。

（2）可变参数

可变参数即那些可能对屏障系统固有频率有重要影响且重点讨论的对象，在分析某参数的影响时，相应的参数在一定范围内变化，而其他参数暂时保持不变，从而得到屏障系统固有频率对该参数的敏感性。

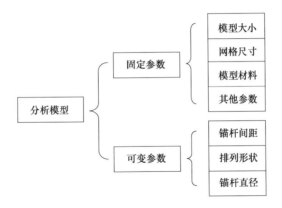

图 4-6　参数分析方案架构

4.3.2　参数分析之锚杆间距

1. 工况设计

（1）工况设计一

在参数分析模型的基础上，保持锚杆直径为 10cm 不变，考虑 1.0m、1.5m、2.0m、2.5m、3.0m 五种锚杆间距，矩形排列、梅花形排列两种排列形状，共 10 个工况（表 4-5）。

（2）工况设计二

在参数分析模型的基础上，保持锚杆排列形状为矩形不变，考虑 1.0m、1.5m、2.0m、2.5m、3.0m 五种锚杆间距，8cm、10cm、12cm、14cm、16cm 五种锚杆直径，共 25 个工况（表 4-6）。

锚杆间距参数分析工况一　　　　　　表 4-5

工况编号	排列形状	屏障系统材料	屏障系统尺寸
MJ-1.0m	矩形		
MJ-1.0m	梅花形		
MJ-1.5m	矩形		
MJ-1.5m	梅花形	土体	
MJ-2.0m	矩形	聚氨酯硬泡 锚杆直径: 10cm 锚杆密度: 2500kg/m³	屏障系统尺寸: 40m×12m×2m
MJ-2.0m	梅花形	锚杆弹性模量:	屏障尺寸:
MJ-2.5m	矩形	2.0e11Pa	40m×12m×0.5m
MJ-2.5m	梅花形	锚杆泊松比: 0.2	
MJ-3.0m	矩形		
MJ-3.0m	梅花形		

锚杆间距参数分析工况二　　　　　　表 4-6

工况编号	锚杆直径（cm）	屏障系统材料	屏障系统尺寸
MJ-1.0m	8 ～ 16	土体	
MJ-1.5m	8 ～ 16	聚氨酯硬泡 锚杆排列形状: 矩形	屏障系统尺寸: 40m×12m×2m
MJ-2.0m	8 ～ 16	锚杆密度: 2500kg/m³ 锚杆弹性模量:	屏障尺寸:
MJ-2.5m	8 ～ 16	2.0e11Pa	40m×12m×0.5m
MJ-3.0m	8 ～ 16	锚杆泊松比: 0.2	

2. 计算结果

（1）工况一，如图 4-7 所示。

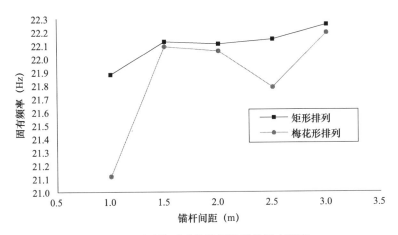

图 4-7 不同排列形状的屏障系统固有频率
随锚杆间距的变化曲线（锚杆直径为 10cm 不变）

（2）工况二，如图 4-8 所示。

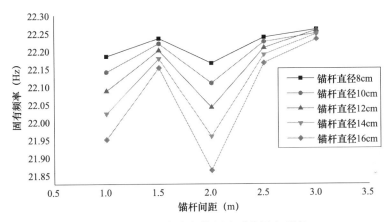

图 4-8 不同锚杆直径的屏障系统固有频率
随锚杆间距的变化曲线（排列形状为矩形不变）

3. 分析小结

从以上的曲线可以总结以下特点：

（1）当保持锚杆直径为 10cm 时，矩形排列和梅花形排列的屏障系统的固有频率都随着锚杆间距的增大而有所增加，但增加幅度均不大，增幅为 1Hz 左右。但矩形排列对固有频率的增加效果略大于梅花形排列。

（2）当保持锚杆排列形状为矩形时，设置不同的锚杆直径的屏障系统的固有频率都随着锚杆间距的增大呈现波动性变化，且变化趋势一致。在间距为 1.5m 和 2.5m 时，各固有频率处于 22.15～22.25Hz 这一范围。

（3）当锚杆间距为 3m 时，不同排列形状和不同锚杆直径情况下的固有频率都是最大的。由此，可以确定屏障系统的锚杆间距为 3m，下一章可用此锚杆间距的屏障系统来研究隔振效果。

4.3.3　参数分析之排列形状

1. 工况设计

（1）工况设计一

在参数分析模型的基础上，保持锚杆直径为 10cm 不变，考虑矩形排列、梅花形排列两种排列形状，1.0m、1.5m、2.0m、2.5m、3.0m 五种锚杆间距，共 10 个工况（表 4-7）。

（2）工况设计二

在参数分析模型的基础上，保持锚杆间距为 2.0m 不变，考虑矩形排列、梅花形排列两种排列形状，8cm、10cm、12cm、14cm、16cm 五种锚杆直径，共 10 个工况（表 4-8）。

排列形状参数分析工况一

表 4-7

工况编号	锚杆间距	屏障系统材料	屏障系统尺寸
PX- 矩形	1.0m		
PX- 矩形	1.5m		
PX- 矩形	2.0m		
PX- 矩形	2.5m		
PX- 矩形	3.0m	土体 聚氨酯硬泡 锚杆直径：10cm 锚杆密度：2500kg/m³ 锚杆弹性模量：2.0e11Pa 锚杆泊松比：0.2	屏障系统尺寸： 40m×12m×2m 屏障尺寸： 40m×12m×0.5m
PX- 梅花形	1.0m		
PX- 梅花形	1.5m		
PX- 梅花形	2.0m		
PX- 梅花形	2.5m		
PX- 梅花形	3.0m		

排列形状参数分析工况二 表 4-8

工况编号	锚杆直径（cm）	屏障系统材料	屏障系统尺寸
PX- 矩形	8		
PX- 矩形	10		
PX- 矩形	12		
PX- 矩形	14	土体 聚氨酯硬泡 锚杆间距: 2.0m 锚杆密度: 2500kg/m³ 锚杆弹性模量: 2.0e11Pa 锚杆泊松比: 0.2	屏障系统尺寸: 40m×12m×2m 屏障尺寸: 40m×12m×0.5m
PX- 矩形	16		
PX- 梅花形	8		
PX- 梅花形	10		
PX- 梅花形	12		
PX- 梅花形	14		
PX- 梅花形	16		

2. 计算结果

（1）工况一，如图 4-9 所示。

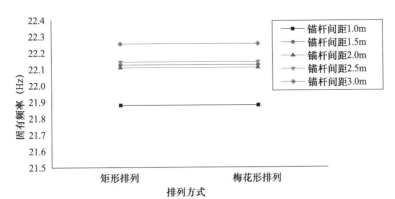

图 4-9　不同锚杆间距的屏障系统固有频率
随排列形状的变化曲线（锚杆直径为 10cm 不变）

（2）工况二，如图 4-10 所示。

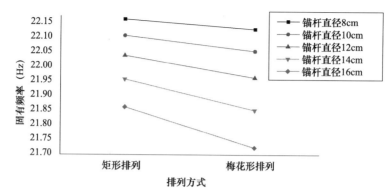

图 4-10　不同锚杆直径的屏障系统固有频率
随排列形状的变化曲线（锚杆间距为 2.0m 不变）

3. 分析小结

从以上的曲线可以总结以下特点：

（1）当保持锚杆直径为 10cm 时，不同锚杆间距的屏障系统的固有频率随着排列形状的改变并没有发生多大幅度的变化，均在 22.0Hz 附近。说明排列形状对于不同锚杆间距的屏障系统的固有频率影响甚微。

（2）当保持锚杆间距为 2.0m 时，不同锚杆直径在矩形排列下的屏障系统的固有频率略大一些。说明矩形排列比梅花形排列更有利于提高屏障系统固有频率。

（3）综上，可以确定锚杆的排列形状为矩形，下一章可用矩形排列的锚杆的屏障系统来研究隔振效果。

4.3.4　参数分析之锚杆直径

1. 工况设计

（1）工况设计一

在参数分析模型的基础上，保持锚杆间距为 2.0m 不变，考虑 8cm、10cm、12cm、14cm、16cm 五种锚杆直径，矩形排列、梅花形排列两种排列形状，共 10 个工况（表 4-9）。

锚杆直径参数分析工况一　　　　　　　　　　　　　　　　表 4-9

工况编号	排列形状	屏障系统材料	屏障系统尺寸
MZ-1.0m	矩形	土体 聚氨酯硬泡 锚杆间距：2.0m 锚杆密度：2500kg/m³ 锚杆弹性模量：2.0e11Pa 锚杆泊松比：0.2	屏障系统尺寸： 40m×12m×2m 屏障尺寸： 40m×12m×0.5m

工况编号	排列形状	屏障系统材料	屏障系统尺寸
MZ-1.0m	梅花形		
MZ-1.5m	矩形		
MZ-1.5m	梅花形		
MZ-2.0m	矩形	土体 聚氨酯硬泡 锚杆间距：2.0m 锚杆密度：2500kg/m³ 锚杆弹性模量：2.0e11Pa 锚杆泊松比：0.2	屏障系统尺寸： 40m×12m×2m 屏障尺寸： 40m×12m×0.5m
MZ-2.0m	梅花形		
MZ-2.5m	矩形		
MZ-2.5m	梅花形		
MZ-3.0m	矩形		
MZ-3.0m	梅花形		

（2）工况设计二

在参数分析模型的基础上，保持锚杆排列形状为矩形不变，考虑8cm、10cm、12cm、14cm、16cm五种锚杆直径，1.0m、1.5m、2.0m、2.5m、3.0m五种锚杆间距，共25个工况（表4-10）。

锚杆直径参数分析工况二 表4-10

工况编号	锚杆间距（m）	屏障系统材料	屏障系统尺寸
MZ-1.0m	1.0～3.0		
MZ-1.5m	1.0～3.0	土体 聚氨酯硬泡 锚杆排列形状：矩形 锚杆密度：2500kg/m³ 锚杆弹性模量：2.0e11Pa 锚杆泊松比：0.2	屏障系统尺寸： 40m×12m×2m 屏障尺寸： 40m×12m×0.5m
MZ-2.0m	1.0～3.0		
MZ-2.5m	1.0～3.0		
MZ-3.0m	1.0～3.0		

2. 计算结果

（1）工况一，如图4-11所示。

（2）工况二，如图 4-12 所示。

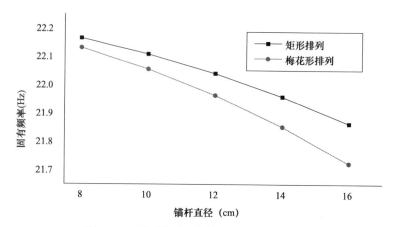

图 4-11　不同排列形状的屏障系统固有频率
随锚杆直径的变化曲线（锚杆间距为 2.0m 不变）

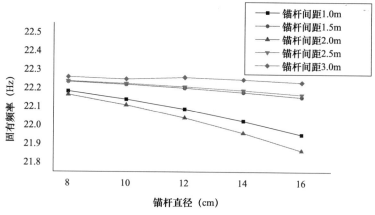

图 4-12　不同锚杆间距的屏障系统固有频率
随锚杆直径的变化曲线（排列形状为矩形不变）

3. 分析小结

从以上的曲线可以总结以下特点：

（1）不同的锚杆排列形状和不同的锚杆间距情况下的屏障系统的固有频率都随着锚杆直径的增大而减小。这可能是因为锚杆直径越小，锚杆与土体之间的相互作用越大，从而加大了对土体的约束，使得整个屏障系统的刚度增大很多，然而质量却增幅不大，所以屏障系统的固有频率就增加了。

（2）通过计算结果并考虑到工程实际情况，可以确定锚杆直径为 10cm，以此锚杆直径的屏障系统作为下一章研究屏障隔振效果的对象。

4.4 本章小结

本章围绕锚杆的布置对屏障系统固有频率的影响这一中心，一方面对在入射波传播方向上的屏障系统宽度对屏障系统固有频率的影响进行了研究；另一方面进行屏障系统固有频率对锚杆参数的敏感性分析研究。得出以下结论：

（1）锚杆的布置能够明显提高屏障系统的固有频率；

（2）在入射波的传播方向上，减小屏障系统的宽度，能够显著提高屏障系统的固有频率。尤其是在靠近屏障附近（宽度为2m）的区域里，"聚氨酯硬泡连续屏障-土体-锚杆"屏障系统的固有频率远大于低频振动波的入射频率（< 10Hz）；

（3）锚杆间距的改变使得屏障系统的固有频率呈现波动性变化，但变化幅度不大；

（4）锚杆排列形状对屏障系统固有频率的影响甚微；

（5）锚杆直径越小，对屏障系统固有频率提高越明显。

通过这一章的研究发现，可以确定使得"聚氨酯硬泡连续屏障-土体-锚杆"屏障系统固有频率最大的锚杆布置方式是锚杆间距为3m，排列形状为矩形，锚杆直径为10cm，并以此锚杆布置方式的锚杆约束的聚氨酯硬泡连续屏障作为下一章屏障隔振性能研究的对象。

第5章 典型场地中本屏障隔振性能研究

5.1 模型的建立及分析参数的确定

本书利用 ANSYS 有限元软件建立的土体模型尺寸为：50m（长度，沿 X 轴方向）×40m（宽度，沿 Z 轴方向）×30m（深度，沿 Y 轴方向），土层中的最大剪切波速为 340m/s，按低频 10Hz 考虑，波长为 34m，计算范围满足 $1 \sim 1.5\lambda_s$ 的要求。混凝土连续墙屏障长度为 40m，宽度为 0.5m，深度 12m。锚杆约束的聚氨酯硬泡连续屏障长度为 40m，宽度为 0.5m，深度为 12m；锚杆长度为 12m，直径为 10cm，间距为 3m，并按矩形形状排列。土体和连续屏障均采用 SOLID45 单元模拟，锚杆则采用 LINK8 单元模拟。有限元模型如图 5-1 所示建模时，土体各土层的材料参数，以及混凝土、聚氨酯硬泡和锚杆的材料参数均见于第 4 章的建模材料参数表 4-2。

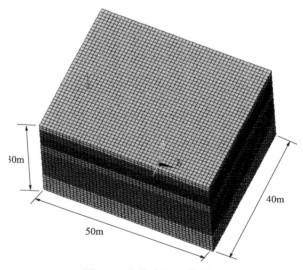

图 5-1　土体有限元模型图

在利用有限元法模拟半无限空间土体模型时，离散单元的网格尺寸不宜大于最小波长的 1/12 ～ 1/6，用式（5-1）计算剪切波速。

$$\begin{cases} G=\dfrac{E}{2(1+\upsilon)}, \lambda=\dfrac{\upsilon E}{(1+\upsilon)(1-2\upsilon)} \\ C_\mathrm{p}=\sqrt{\dfrac{\lambda+2G}{\rho}}, C_\mathrm{s}=\sqrt{\dfrac{G}{\rho}}, C_\mathrm{R}=\dfrac{0.87+1.12\upsilon}{1+\upsilon} \end{cases} \tag{5-1}$$

其中 G、E、υ、λ 分别为剪切模量、弹性模量、泊松比、拉梅常数; C_p、C_s、C_R 分别为 P 波剪切波速、S 波剪切波速、R 波剪切波速。

使用 C_p、C_s、C_R 三者中的最小值确定最小剪切波速,求得最小波长。对于具体工程场地层状地基,为了确定其各土层的剪切波速,需要进行现场勘测,但当缺乏必要的测定手段时,也可根据同类土的资料来确定剪切波速变化范围。这里根据武汉中南剧场周边场地测定的土体剪切波波速来确定。由表 5-1 可见,最小剪切波速为 110m/s,振动波主要按低频 10Hz 考虑,所以单元网格尺寸可以取 0.92 ~ 1.83m,在剪切波速大的下面几层,单元网格尺寸可以适当放大。如果下面几层及边界处的单元网格尺寸取得较大,就会将波长短的振动波过滤掉,这样可以避免边界处高频波的反射,而低频波即使反射回来,也因其对应的阻尼比大,衰减幅度大,从而使得高低频波的计算误差取得相对一致。

场地土层的动力计算参数   表 5-1

土层	层厚 （m）	剪切波速 C_s（m/s）	10Hz 波长 λ_s（m）	$\lambda_\mathrm{s}/12$ （m）	$\lambda_\mathrm{s}/6$ （m）
杂填土	2	110	11	0.92	1.83
灰褐色粉质黏土	3	150	15	1.25	2.50
灰色粉质黏土	4	200	20	1.67	3.33
粉砂、粉土夹粉黏土	3	300	30	2.50	5.00
青灰色粉砂	11	325	32.5	2.71	5.42
灰色粉细砂	7	340	34	2.83	5.67

动力计算的边界条件设置为模型的底面和四个侧面采用三维黏弹性人工边界,利用 COMBIN14 单元模拟,模型的表面仍为自由面。根据土体参数计算出相应的弹簧刚度和阻尼系数,边界上的法向弹簧刚度 K_BN 和阻尼系数 C_BN 的值按公式（3-8）进行求解,切向弹簧刚度 K_BT 和阻尼系数 C_BT 的值按公式（3-9）进行求解,将其作为实常数赋予弹簧和阻尼器单元,然后建立节点,连接节点并赋

予相应属性来模拟黏弹性人工边界。

阻尼从作用机理上来说，应该是相当复杂的，而影响阻尼的主要因素有结构周围介质的黏性、内摩擦消耗的能量、土层中的能量耗散、土的种类性质等。一般情况下，通过实测得到黏滞阻尼值之后，可得到整个结构的阻尼矩阵，但是实测求得的黏滞阻尼值往往具有较大误差，不能满足数值计算的精度要求。在 ANSYS 中，通常结构采用瑞利（Rayleigh）阻尼，瑞利阻尼法是间接计算结构体系阻尼矩阵，然后对阻尼值做一个近似处理。因此，阻尼效应可以通过瑞利阻尼进行近似模拟，其确定流程如图 5-2 所示。

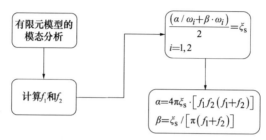

图 5-2　瑞利（Rayleigh）阻尼的确定流程

建模完成之后先进行模态分析，得到模型的各阶频率，确定前两阶频率，并通过实验、现场实测或相关工程资料得知相对应阻尼比（取 $\xi_s = 0.05$）后，代入上式即可求得质量阻尼系数 α 和刚度阻尼系数 β，计算得到的 α 和 β 值用命令 ALPHAD 和 BETAD 输入，即可设定结构的质量阻尼和刚度阻尼。表 5-2～表 5-4 分别为各模型的各阶频率和阻尼系数。

土体模型频率和阻尼系数　　　　　　　　　　　　　表 5-2

阶数	1	2	3	4	5
模态频率（Hz）	2.4864	2.5093	2.5392	3.2087	3.2092
α				0.7843	
β				0.0032	

土体-混凝土连续墙模型频率和阻尼系数　　　　　　　表 5-3

阶数	1	2	3	4	5
模态频率（Hz）	2.4970	2.5128	2.5676	3.1601	3.2081

阶数	1	2	3	4	5
α				0.7865	
β				0.0032	

土体–锚杆约束的聚氨酯硬泡连续屏障模型频率和阻尼系数 表 5-4

阶数	1	2	3	4	5
模态频率（Hz）	2.4973	2.5133	2.5675	3.1602	3.2080
α				0.7871	
β				0.0032	

列车运行引发的周围场地振动具有明显的简谐载荷特性，很多研究者都将列车振动作为简谐载荷进行研究。对于其他外在因素激励引起的随机振动，也可以视为由不同频率的简谐振动叠加而成。此外，在屏障隔振的试验研究中，大多采用简谐荷载来考察屏障对不同频率的隔振效果。在本书中，主要也是研究屏障的隔振效果，作者关心的是有屏障场地与无屏障场地对同一振源激励下不同频率的响应相对值，故本书中的振源形式主要为不同频率叠加而成的简谐载荷。

本章中三种模型的振源激励形式均选为具有代表性的简谐荷载。根据实际的环境振动情况以及我国环境振动评价标准，简谐荷载激励频率的取值范围 $0 \sim 80\text{Hz}$，荷载的大小取 50kN。故模型振源激励荷载的表达式为：

$$F_Y = 50\sin\left(n \cdot 2\pi t\right)\text{kN}, n = 0,1,2,\cdots,80 \qquad (5\text{-}2)$$

5.2 无隔振措施时地表振动传播规律分析

5.2.1 振动位移传播规律分析

土体模型建立完成后，在振源激励荷载的作用下进行谐响应分析。地面拾振点的平面布置如图 5-3 所示，提取地表沿 X 轴土体模型的中心线距离振源中心分别为 5m、10m、15m、20m、25m、30m、35m、40m 八个拾振点的竖向振动位移的幅频曲线和水平振动位移的幅频曲线，见图 5-4 ～图 5-7。各主要频率的竖向振动位移竖向幅值随距振源距离的变化曲线见图 5-8，最大位移幅值随距振源距离的变化曲线见图 5-9。

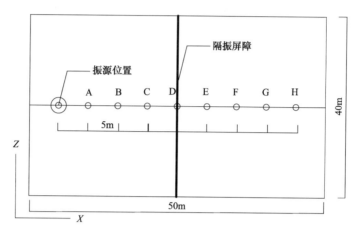

图 5-3　地面振源和拾振点平面布置示意图

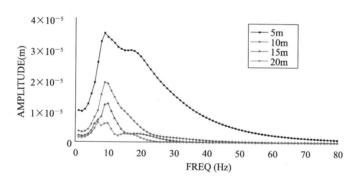

图 5-4　地表竖向振动位移幅频曲线

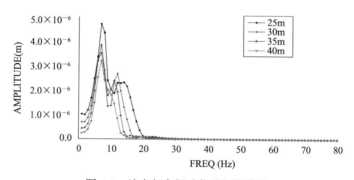

图 5-5　地表竖向振动位移幅频曲线

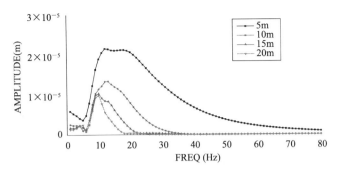

图 5-6　地表水平振动位移幅频曲线

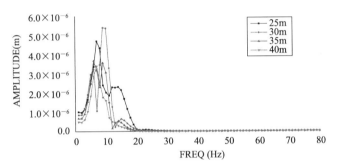

图 5-7　地表水平振动位移幅频曲线

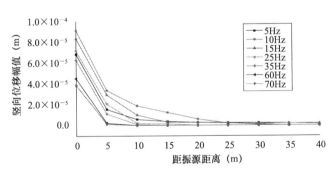

图 5-8　主要频率的竖向振动位移幅值随距振源距离的变化曲线

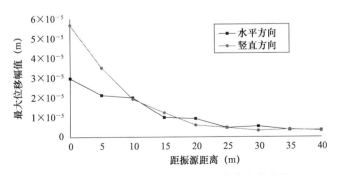

图 5-9　最大位移幅值随距振源距离的变化曲线

根据上述曲线，可得到以下结论：

（1）竖向振动位移：由图 5-4 和图 5-5 得知，5Hz 以下频段，各点的竖向振动位移变化趋势基本相同，且幅值也没有明显变化，均小于 2×10^{-5}m；在 $10\sim22$Hz 范围内，位移幅值达到各自的峰值；22Hz 以上频段，距振源距离的增加振动衰减越明显。

（2）水平振动位移：由图 5-6 和图 5-7 得知，5Hz 以下频段，$5\sim10$m 范围内振动位移幅值明显减小，$15\sim40$m 范围内振动位移幅值趋势基本相同；在 $10\sim22$Hz 频段范围内，位移幅值达到各自的峰值；22Hz 以上频段，距振源的距离越大，振动衰减越明显。

（3）由图 5-8 和图 5-9 得知，振动位移幅值随距振源距离的增大而逐渐减小；从振动量级上看，距振源距离 10m 以内的竖向振动明显强于水平振动，且 0m 处的竖向位移峰值几乎是水平位移峰值的 2 倍；而距振源距离 10m 以上时，竖向位移峰值和水平位移峰值两者相差不大；10Hz 左右频段的振动位移幅值较大，振动波能量也较强；由此也证明了振动波在土体中以竖向振动为主，且振动波随着距离的增加而衰减逐渐明显。

5.2.2　振动位移衰减规律分析

下面以振动位移衰减率为指标对象来研究地表振动传播衰减规律，结果见图 5-10～图 5-13。最大位移幅值衰减率随距振源距离的变化曲线见图 5-14。各拾振点的位移幅值衰减率 A_s 按式（5-3）计算。

$$A_s=\frac{A_0-A_i}{A_0}\times100\% \tag{5-3}$$

式中，A_0 为 $d=0$m 处振动位移幅值，A_i 为 $d=5\sim40$m 各处振动位移幅值。

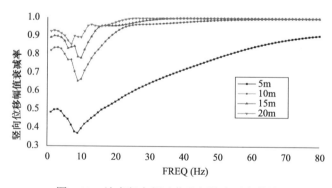

图 5-10　地表竖向振动位移幅值衰减率曲线

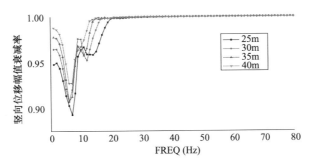

图 5-11 地表竖向振动位移幅值衰减率曲线

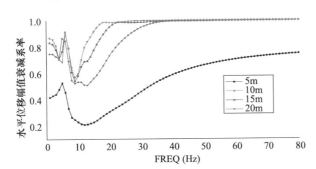

图 5-12 地表水平振动位移幅值衰减率曲线

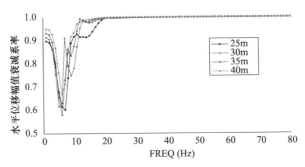

图 5-13 地表水平振动位移幅值衰减率曲线

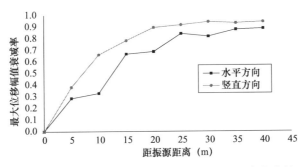

图 5-14 最大位移幅值衰减率随距振源距离的变化曲线

根据上述曲线，可得到以下结论：

（1）竖向振动：由图 5-10 和图 5-11 得知，4Hz 以下频段的振动几乎没有衰减，甚至出现振动放大现象，但是量值不大；5 ～ 10Hz 频段范围内衰减减弱，出现比较明显的振动放大现象；12 ～ 40Hz 频段内衰减率陡增，衰减梯度随着距振源距离的增加逐渐减小，直至为零；10 ～ 40m 范围内各点衰减在 50Hz 附近几乎达到 100%；5m 处振动衰减较缓慢。

（2）水平振动：由图 5-12 和图 5-13 得知，在距振源 10 ～ 40m 范围内，10Hz 以下频段的振动衰减率呈下降的趋势，说明此范围内存在振动放大现象；10Hz 左右频段的振动放大现象最明显；10Hz 以上频段，距振源距离越远，振动衰减得越快；10 ～ 40m 范围内，40Hz 以上频段衰减率几乎达到 100%。

（3）由图 5-14 得知，5 ～ 10Hz 频段范围内，水平振动放大现象比竖向振动放大现象更明显；距振源距离 30m 以内，振动出现呈近似线性的衰减规律，40m 以后区域衰减梯度接近于零；与竖向振动相比，水平振动衰减缓慢；另外也可以看出，随着距振源距离的增大，土层对高频振动具有非常明显的衰减作用，但是对 10Hz 以下频段的低频振动，尤其是水平振动，衰减作用较弱。这与潘昌实[29] 对隧道和周围土体的振动响应特性的研究结论相互印证。

综上所述，通过 ANSYS 有限元软件建立的土体模型进行数值分析，本书得到的无隔振屏障时地表振动响应规律与闫维明[28] 对某地铁 1 号线引起的地面振动进行现场实测与分析得到的振动响应规律基本一致，验证了通过 ANSYS 有限元软件对工程实际问题进行数值模拟分析的正确性与可靠性，为下一步对锚杆约束的聚氨酯硬泡连续屏障的隔振性能进行数值分析提供理论保证。

5.3　地面振源激励下隔振措施的隔振性能研究

5.3.1　混凝土连续墙的隔振性能研究

混凝土连续墙作为一种刚性屏障，其隔振原理就是在波的传播方向构造足够深度的刚性屏障，可以反射、散射和吸收大量振动波的能量，从而阻隔振动波的传播，使连续墙远场方向的振级水平得到有效降低；而荷载与连续墙之间的地表振动会因为连续墙的反射而产生一定的振动放大[73]。研究表明，激励荷载引发的场地振动以竖向振动为主[74]，因此本书只考虑激励荷载产生的竖向振动。

根据前一节研究结论，可知 30Hz 以上频段的振动波在传播很小一段距离后能量几乎衰减殆尽，因此振源激励下隔振屏障的隔振性能研究仅考虑 30Hz 范围内的频段的振动波。

　　为了研究混凝土连续墙在地面振源激励下的隔振效果，建立如图 5-15 所示的土体-混凝土连续墙的有限元模型，模型的大小、单元大小、其土层的分布情况、物理参数以及边界条件和阻尼的取值同本章第 1 节，激励荷载的形式和大小也同本章第 1 节确定的激励荷载。

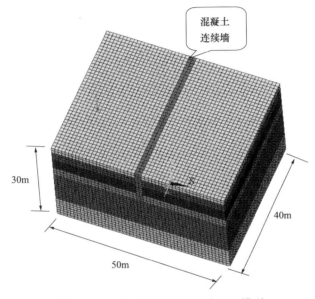

图 5-15　土体-混凝土连续墙有限元模型

　　地面拾振点的平面布置如图 5-3 所示，并以地面竖向加速度的大小作为对象指标来研究混凝土连续墙的隔振效果。各拾振点的地面竖向加速度幅频曲线见图 5-16 ～图 5-23。

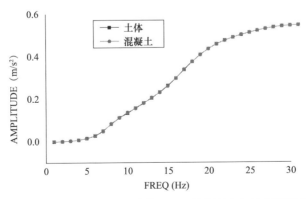

图 5-16　距离振源 5m（墙体前缘 15m）地面竖向加速度幅频曲线

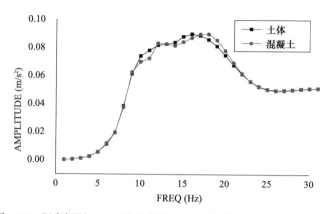

图 5-17　距离振源 10m（墙体前缘 10m）地面竖向加速度幅频曲线

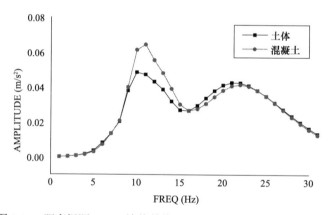

图 5-18　距离振源 15m（墙体前缘 5m）地面竖向加速度幅频曲线

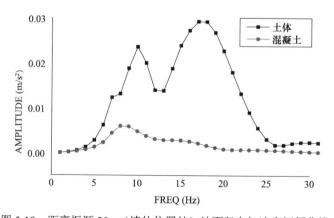

图 5-19　距离振源 20m（墙体位置处）地面竖向加速度幅频曲线

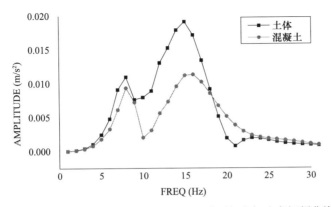

图 5-20　距离振源 25m（墙体后缘 5m）地面竖向加速度幅频曲线

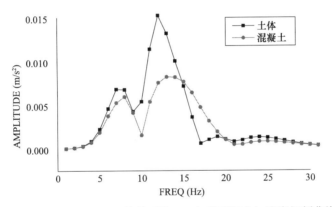

图 5-21　距离振源 30m（墙体后缘 10m）地面竖向加速度幅频曲线

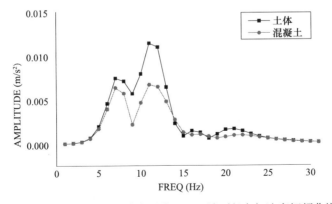

图 5-22　距离振源 35m（墙体后缘 15m）地面竖向加速度幅频曲线

53

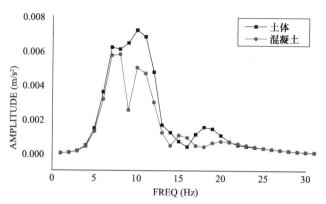

图 5-23　距离振源 40m（墙体后缘 20m）地面竖向加速度幅频曲线

根据上述曲线，可得到以下结论：

（1）由图 5-16 和图 5-17 得知，在距振源 5m 处，振动响应基本随频率增大而增大，在 30Hz 附近出现峰值。在距振源 10m 范围内，土体模型和土体-混凝土连续墙模型的竖向加速度幅频曲线基本一致，且随着距振源越远，竖向加速度幅值越小，说明在这段距离范围内主要是由于土介质黏滞阻尼和几何阻尼对振动波造成的损耗。

（2）由图 5-18 ～图 5-20 得知，混凝土连续墙前缘附近的竖向加速度幅值出现了一定程度的增大，说明墙体前缘附近出现了一定程度的振动放大现象。这是因为振动波在不同介质的交界面时会产生反射和折射等现象，从而使得反射和折射回去的振动波与传播过来的振动波相互干涉，导致振幅叠加；混凝土连续墙墙体位置处的竖向加速度幅值大幅度的减小，这是因为振动波在墙体位置处一部分由于发射、折射的作用被反射回去，另外一部分波透射过来，并且还有一部分波可能从屏障底部绕过；混凝土连续墙墙体后缘附近的竖向加速度幅值衰减程度大，这是由于在距离墙体后缘较近处，绕射过屏障的波还没有和透射部分波相互干涉，也就还没有产生波的振幅叠加现象，说明隔振效果较好。

（3）由图 5-21 ～图 5-23 得知，混凝土连续墙屏障对 5Hz 范围以内的振动波的隔振效果不大。低频振动（主要是 20Hz 范围内）衰减缓慢，而 20 ～ 30Hz 范围内的振动衰减较快，距离墙体后缘 10m 处已衰减了 90% 以上，这是因为靠近墙体时，根据波的透射原理，墙体可以阻隔足够多的较高频振动波，而且在振动波的传播过程中，地表振动以瑞利波为主，中高频的振动波已经被衰减了大部分，只有少部分中高频波能够到达连续墙，加之连续墙对瑞利波有较好的隔振效果。

5.3.2 锚杆约束的聚氨酯硬泡连续屏障隔振性能研究

传统的隔振屏障存在稳定性差；一般集中于单一的隔振屏障，缺乏多种屏障组合；对低频振动隔振效果差；隔振区出现振动放大异常现象等缺点。本书提出锚杆约束的聚氨酯硬泡连续屏障这样一种新型隔振屏障，主要对其隔振性能进行研究，以期弥补和提高屏障的隔振效果，也为隔振屏障的设计和优化提供参考。

为了研究锚杆约束的聚氨酯硬泡连续屏障在地面振源激励下的隔振效果，建立有限元模型如图 5-24 所示。锚杆布置的有限元模型如图 5-25 所示。有限元建模所需的相关参数同 5.1 节，这里不再赘述。

地面拾振点的平面布置如图 5-3 所示，并以地面的竖向加速度的大小作为指标来研究其隔振效果。各拾振点的地面竖向加速度幅频曲线见图 5-26 ~图 5-33。

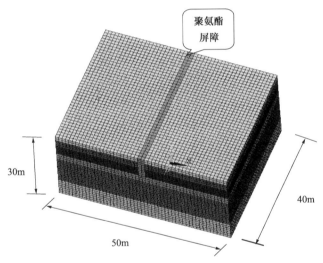

图 5-24 土体-锚杆约束的聚氨酯硬泡连续屏障有限元模型图

图 5-25 锚杆布置的有限元模型图

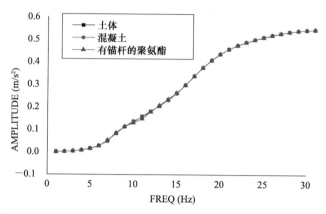

图 5-26 距离振源 5m（屏障前缘 15m）地面竖向加速度幅频曲线

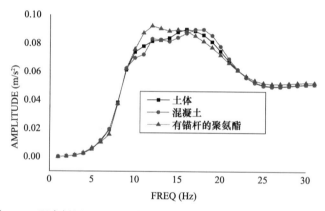

图 5-27 距离振源 10m（屏障前缘 10m）地面竖向加速度幅频曲线

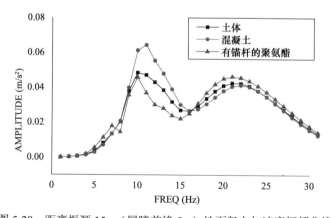

图 5-28 距离振源 15m（屏障前缘 5m）地面竖向加速度幅频曲线

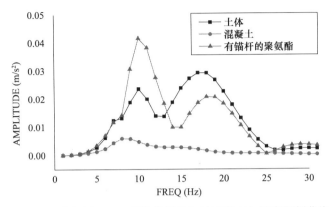

图 5-29　距离振源 20m（屏障位置处）地面竖向加速度幅频曲线

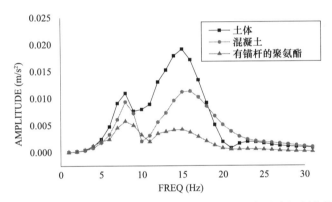

图 5-30　距离振源 25m（屏障后缘 5m）地面竖向加速度幅频曲线

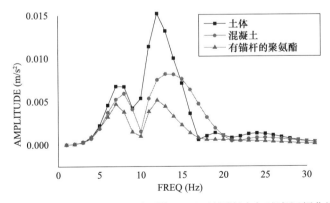

图 5-31　距离振源 30m（屏障后缘 10m）地面竖向加速度幅频曲线

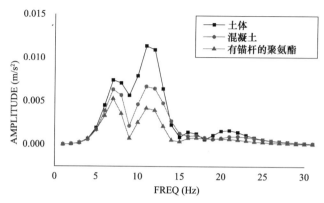

图 5-32　距离振源 35m（屏障后缘 15m）地面竖向加速度幅频曲线

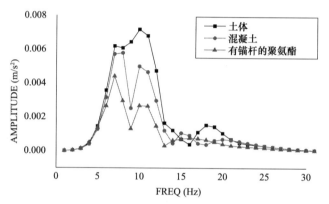

图 5-33　距离振源 40m（屏障后缘 20m）地面竖向加速度幅频曲线

根据上述曲线，可得到以下结论：

（1）由图 5-26 和图 5-27 得知，在距振源 5m 处，振动响应基本是随着频率增大而增大，在 30Hz 附近出现峰值。在距振源 10m 范围内，土体模型、土体-混凝土连续墙模型和土体-锚杆约束的聚氨酯硬泡连续屏障模型这三者的竖向加速度幅频曲线基本一致，且随着距振源越远，竖向加速度幅值越小，说明在这段距离范围内主要都是由土介质黏滞阻尼和几何阻尼对振动波造成的损耗。

（2）由图 5-28～图 5-30 得知，锚杆约束的聚氨酯硬泡连续屏障前缘附近的 20～30Hz 的振动竖向加速度幅值出现了一定程度的增大，而且在 22Hz 附近达到峰值，说明聚氨酯屏障前缘附近出现了一定程度的振动放大现象。这是因为靠近屏障附近，可能由土体-锚杆-聚氨酯硬泡组成的屏障系统的固有频率（22.25Hz）与 22Hz 的激励频率发生共振，使得振幅变大。锚杆约束的聚氨酯硬泡连续屏障位置处，10Hz 振动波的竖向加速度幅值远大于混凝土连续墙和土体的竖向加速度幅值，这是因为一方面锚杆的约束增大了聚氨酯硬泡屏障的刚度，另一方面聚氨酯硬泡材料内部具有大量孔径细小且分布均匀的微孔结构，从而使得振动波易于进入微孔而被吸收，经过材料内部的摩擦、黏滞等作用，一部分能量被吸收转化耗散从而引起振幅下降；还有，聚氨酯硬泡容易变形，通过发生小应变耗能。聚氨酯屏障后缘附近的竖向加速度幅值衰减梯度大，这是由于在距离墙体后缘较近处，大部分波被吸收耗散，只有少部分波绕射和透射过屏障，说明隔振效果较好。

（3）由图 5-31 ~ 图 5-33 得知，与混凝土连续墙隔振屏障相比，锚杆约束的聚氨酯硬泡连续屏障的隔振效果更好。

5.3.3 不同隔振措施对低频振动的隔振效果对比

Woods[12] 在主动和被动屏障隔振的试验研究中，提出评价屏障隔振效果的优劣标准并采用振幅衰减系数（A_{RC}）来衡量：

$$A_{RC} = 屏障隔振后的竖向振幅 / 无屏障隔振的竖向振幅$$

认为，A_{RC} 越小，则表明隔振效果越好。这个振幅衰减系数至今仍被引用作为评价隔振性能好坏的标准之一。

对于不同屏障的隔振性能的评价，可以分析屏障后的振幅衰减系数。当振幅衰减系数达到我们设计值时，便认为它是有效果的，并且能满足工程结构振动的设计要求和环境振动舒适度的评价标准。对于一些具体的工程案例，通过设置屏障后，隔振区的振幅要小于建筑结构所允许的最大振幅。所以，在整个研究过程中，必须考虑地表振幅改变，这里主要是指竖向振动加速度。这里，以竖向振动加速度振幅衰减系数 A_{RC} 为指标，来研究地面振源激励下不同隔振措施对低频振动的隔振效果。

表 5-5 ~ 表 5-8 为距离振源不同距离时屏障隔振前后竖向加速度振动峰值大小和振幅衰减系数 A_{RC} 大小。

距离振源 25m（屏障后缘 5m）地面竖向加速度振幅衰减系数 A_{RC} 对照表　表 5-5

FREQ（Hz）	无屏障（m/s²）	混凝土（m/s²）	A_{RC}	聚氨酯硬泡（m/s²）	A_{RC}
1	4.02E-05	3.96E-05	0.92	3.73E-05	0.93
2	1.55E-04	1.37E-04	0.88	1.49E-04	0.96
3	4.19E-04	3.45E-04	0.82	4.31E-04	1.03
4	1.05E-03	8.00E-04	0.76	1.20E-03	1.14

续表

FREQ（Hz）	无屏障（m/s²）	混凝土（m/s²）	A_{RC}	聚氨酯硬泡（m/s²）	A_{RC}
5	2.45E-03	1.77E-03	0.72	2.02E-03	0.83
6	4.79E-03	3.28E-03	0.69	2.40E-03	0.50
7	9.11E-03	6.11E-03	0.67	4.54E-03	0.50
8	1.10E-02	9.37E-03	0.85	5.78E-03	0.53
9	7.66E-03	7.25E-03	0.95	5.01E-03	0.65
10	7.98E-03	2.03E-03	0.25	3.22E-03	0.4

距离振源 30m（屏障后缘 10m）地面竖向加速度振幅衰减系数 A_{RC} 对照表　表 5-6

FREQ（Hz）	无屏障（m/s²）	混凝土（m/s²）	A_{RC}	聚氨酯硬泡（m/s²）	A_{RC}
1	2.72E-05	2.62E-05	0.94	2.60E-05	0.96
2	1.09E-04	9.99E-05	0.92	1.05E-04	0.97
3	3.10E-04	2.75E-04	0.89	3.12E-04	1.01
4	8.51E-04	7.25E-04	0.85	9.17E-04	1.08
5	2.24E-03	1.88E-03	0.84	1.94E-03	0.87
6	4.59E-03	3.75E-03	0.82	3.23E-03	0.71
7	6.80E-03	5.26E-03	0.77	4.72E-03	0.69
8	6.76E-03	5.94E-03	0.88	3.80E-03	0.56
9	4.26E-03	4.12E-03	0.97	1.51E-03	0.35
10	5.39E-03	1.55E-03	0.29	1.00E-03	0.19

距离振源 35m（屏障后缘 15m）地面竖向加速度振幅衰减系数 A_{RC} 对照表　表 5-7

FREQ（Hz）	无屏障（m/s²）	混凝土（m/s²）	A_{RC}	聚氨酯硬泡（m/s²）	A_{RC}
1	1.71E-05	1.60E-05	0.94	1.66E-05	0.97
2	7.20E-05	6.63E-05	0.92	7.02E-05	0.97

FREQ（Hz）	无屏障（m/s²）	混凝土（m/s²）	A_{RC}	聚氨酯硬泡（m/s²）	A_{RC}
3	2.18E-04	1.96E-04	0.90	2.19E-04	1.01
4	6.57E-04	5.75E-04	0.88	7.08E-04	1.08
5	1.95E-03	1.69E-03	0.87	1.75E-03	0.90
6	4.54E-03	3.92E-03	0.86	3.33E-03	0.73
7	7.44E-03	6.35E-03	0.85	5.31E-03	0.71
8	7.10E-03	5.70E-03	0.80	3.59E-03	0.51
9	5.68E-03	2.17E-03	0.38	7.34E-04	0.13
10	7.93E-03	4.65E-03	0.59	2.58E-03	0.32

距离振源 40m（屏障后缘 20m）地面竖向加速度振幅衰减系数 A_{RC} 对照表 表 5-8

FREQ（Hz）	无屏障（m/s²）	混凝土（m/s²）	A_{RC}	聚氨酯硬泡（m/s²）	A_{RC}
1	9.36E-06	8.52E-06	0.91	9.16E-06	0.98
2	4.31E-05	3.92E-05	0.91	4.22E-05	0.98
3	1.40E-04	1.26E-04	0.90	1.42E-04	1.02
4	4.55E-04	4.02E-04	0.88	5.08E-04	1.12
5	1.46E-03	1.28E-03	0.88	1.37E-03	0.94
6	3.58E-03	3.17E-03	0.88	2.67E-03	0.74
7	6.20E-03	5.72E-03	0.92	4.42E-03	0.71
8	6.09E-03	5.79E-03	0.95	2.97E-03	0.49
9	6.45E-03	2.53E-03	0.39	1.31E-03	0.20
10	7.20E-03	5.00E-03	0.69	2.68E-03	0.37

根据上述表格，可得到以下结论：

（1）混凝土连续墙对 10Hz 以内的低频振动隔振效果不佳，不同位置处地面竖向加速度振幅衰减系数 A_{RC} 几乎都是大于 0.8，但没有出现振动放大现象。

（2）锚杆约束的聚氨酯硬泡连续屏障对 6 ～ 10Hz 范围内低频振动的隔振效果较好，其地面竖向加速度振幅衰减系数 A_{RC} 都是小于 0.8，尤其是 8 ～ 10Hz 范围内的振幅衰减系数更小，A_{RC} 低于 0.5；但是，对 5Hz 以内的低频振动的隔振效果较差，而且在 3 ～ 4Hz 出现了稍微的振动放大现象，这可能是因为屏障系统的固有频率为 2.5Hz 左右，振源主要激励频率与其发生共振，在屏障处产生次生振源，导致屏障隔振失效，造成振幅叠加而增大。

（3）对于 6 ～ 10Hz 范围内低频振动，锚杆约束的聚氨酯硬泡连续屏障隔振的振幅衰减系数 A_{RC} 小于混凝土连续墙的振幅衰减系数 A_{RC}，说明锚杆约束的聚氨酯硬泡连续屏障隔振效果明显好于混凝土连续墙。

5.4 桩振源激励下隔振措施的隔振性能研究

根据前面对振动波的传播衰减规律和地面振源激励下屏障隔振性能的研究，由于几何阻尼和材料阻尼作用的存在，从传播途径上进行隔振，除采用连续和非连续的屏障以及波阻障外，还有两类措施可以减少轨道交通荷载引起的地表振动：一类是改变介质的阻尼属性，如加固土体措施等，如采用水玻璃加固，设置混凝土板层或橡胶浮置板层等；另一类是增大振源的埋深，加大振动波的传播距离。这样，几何阻尼和材料阻尼都能发挥减振作用，中高频振动波经过一段的距离的传播就能得到了足够的衰减，而低频振动需要很长的传播距离才能实现有效的衰减[53]。

因此本书提出了将振源荷载作用于桩顶中心，并通过桩将荷载传导至土体深处，以加大振动波的传播距离，振动波在受到土介质黏滞阻尼和几何阻尼的作用下实现充分且有效的衰减，再加上隔振屏障的阻隔作用，从而达到对振动波有效屏蔽的这样一种思路。

为了进一步研究桩振源激励下隔振措施的隔振性能，建立起土体-隔振屏障和桩振源的有限元模型，如图 5-34 所示。

建模时所需的参数同 5.1 节；桩是边长为 1m，长度为 20m 的混凝土方桩，仍采用 SOLID45 单元模拟，荷载作用于桩顶中心，如图 5-35 所示。

桩振源和地面拾振点的平面布置如图 5-36 所示，并以地面竖向振动加速度的大小作为对象指标来研究混凝土连续墙和锚杆约束的聚氨酯硬泡连续屏障这两种隔振屏障的隔振效果。混凝土连续墙屏障的各拾振点的地面竖向加速度幅频曲线见图 5-37 ～图 5-44。锚杆约束的聚氨酯硬泡连续屏障的各拾振点的地面竖向加速度幅频曲线见图 5-45 ～图 5-52。

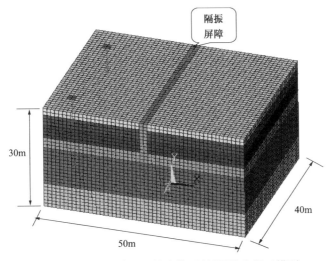

图 5-34 桩振源作用下的土体-隔振屏障有限元模型

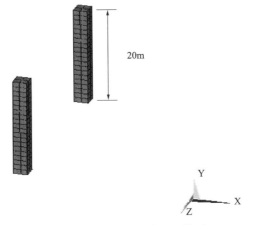

图 5-35 桩振源的有限元模型

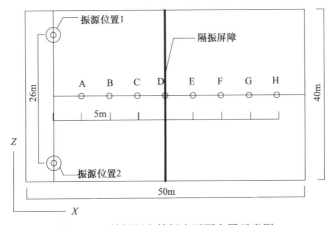

图 5-36 桩振源和拾振点平面布置示意图

5.4.1 混凝土连续墙的隔振性能研究

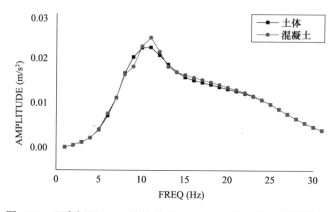

图 5-37 距离振源 5m（墙体前缘 15m）地面竖向加速幅频曲线

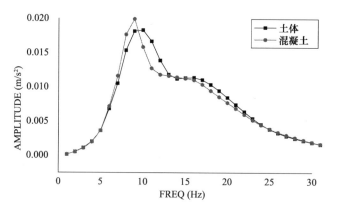

图 5-38 距离振源 10m（墙体前缘 10m）地面竖向加速度幅频曲线

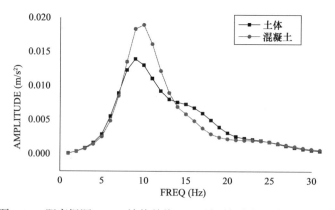

图 5-39 距离振源 15m（墙体前缘 5m）地面竖向加速度幅频曲线

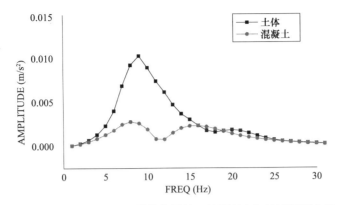

图 5-40 距离振源 20m（墙体位置处）地面竖向加速度幅频曲线

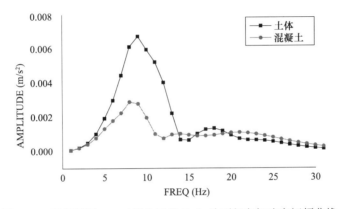

图 5-41 距离振源 25m（墙体后缘 5m）地面竖向加速度幅频曲线

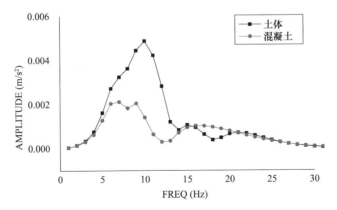

图 5-42 距离振源 30m（墙体后缘 10m）地面竖向加速度幅频曲线

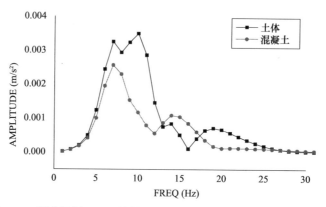

图 5-43　距离振源 35m（墙体后缘 15m）地面竖向加速度幅频曲线

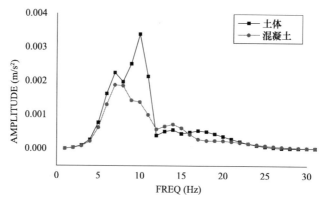

图 5-44　距离振源 40m（墙体后缘 20m）地面竖向加速度幅频曲线

根据上述曲线，可得到以下结论：

（1）由图 5-37 得知，相较于地面振源激励来说，桩振源激励下地面的竖向加速度幅值大幅度减小；在距离振源 5m 处时，地面振源激励下地面的竖向加速度峰值为 0.55m/s²，而桩振源激励下地面的竖向加速度峰值为 0.025m/s²，这是因为将激励荷载作用于桩顶中心，通过桩能将大部分能量传导至土层深处，经过土介质黏滞阻尼和几何阻尼的损耗，使得到达地面的振动波能量已经所剩无几。

（2）由图 5-38 ～图 5-39 得知，混凝土连续墙屏障前缘对 15Hz 频段范围内的某些频率成分的振动波存在着不同程度的振动放大。这是因为，屏障对振动波的反射、折射，从而使得与传播过来的振动波相遇而发生波的干涉现象，造成某些频率成分的振动波振幅增大。

（3）由图 5-40 ～图 5-44 得知，混凝土连续墙屏障后缘对某些频段范围内频率成分的振动波存在着不同程度的振动放大。这可能是因为屏障的深度不足，让少部分振动波从屏障底部绕射到屏障后缘区域，使得振动波振幅叠加而增大。

（4）在桩振源激励下，混凝土连续墙屏障对 20Hz 以上频段的振动波有很好的隔振效果；在距振源 40m（墙体后缘 20m）处，20Hz 以上频段的振动几乎衰减殆尽，但是对于 5Hz 以下频段的振动波的隔振效果不太理想。这也说明了混凝土连续墙屏障能对中高频振动波实现有效的屏蔽，但是对 5Hz 以下频段的振动波的屏蔽效果不佳。

5.4.2　锚杆约束的聚氨酯硬泡连续屏障隔振性能研究

根据下述曲线，可得到以下结论：

（1）由图 5-45 得知，桩振源激励下，锚杆约束的聚氨酯硬泡连续屏障前缘振动波经过较长距离的几何阻尼损耗和土介质的黏滞阻尼损耗，能到达地面的能量较少。

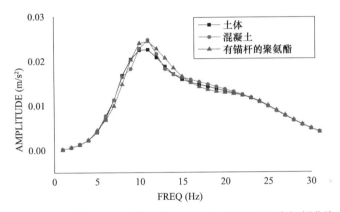

图 5-45　距离振源 5m（屏障前缘 15m）地面竖向加速度幅频曲线

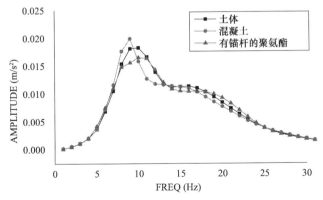

图 5-46　距离振源 10m（屏障前缘 10m）地面竖向加速度幅频曲线

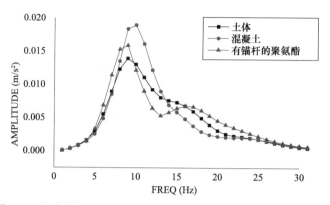

图 5-47　距离振源 15m（屏障前缘 5m）地面竖向加速度幅频曲线

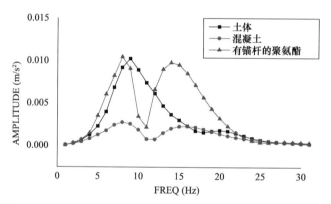

图 5-48　距离振源 20m（屏障位置处）地面竖向加速度幅频曲线

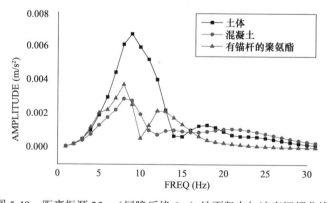

图 5-49　距离振源 25m（屏障后缘 5m）地面竖向加速度幅频曲线

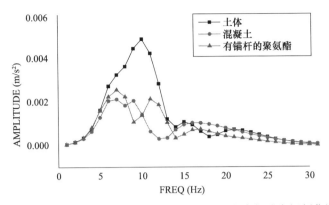

图 5-50　距离振源 30m（屏障后缘 10m）地面竖向加速度幅频曲线

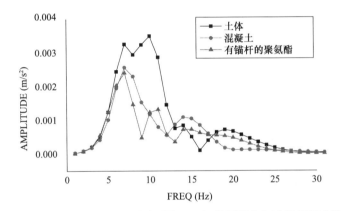

图 5-51　距离振源 35m（屏障后缘 15m）地面竖向加速度幅频曲线

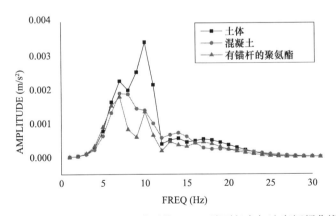

图 5-52　距离振源 40m（屏障后缘 20m）地面竖向加速度幅频曲线

（2）由图 5-46～图 5-48 得知，锚杆约束的聚氨酯硬泡连续屏障前缘和屏障位置处，屏障对某些频率成分的振动波有振动放大现象，但是与混凝土连续墙屏障前缘的振动放大相比，其振动放大程度要弱一些。一方面，是因为屏障对振动波有反射和折射的作用，也就使得一部分振动波发生反射和折射作用与传播过来的振动波相互干涉，振幅叠加而增大；另一方面，是因为屏障本身的材料属性和物理力学特性，决定了其对振动波有吸收性，使得一部分振动波被吸收。这个原因可以由图 5-49 所示的数据得到进一步的验证。

（3）由图 5-49～图 5-52 得知，在锚杆约束的聚氨酯硬泡连续屏障处，由于聚氨酯硬泡材料对波的吸收性，一部分波能量被吸收，导致竖向加速度幅值的大幅度增大；聚氨酯硬泡连续屏障后缘附近，一方面是因为振动波能量被传导到土层深处，虽然振动波经过土介质的黏滞阻尼和几何阻尼的足够损耗，但是仍然存在少部分振动波到达屏障后缘；另一方面，是因为屏障的深度不足，致使一部分振动波从屏障底部绕射到屏障后面，从而使得振动波加速度幅值叠加有所增大。

（4）相较于混凝土连续墙屏障，锚杆约束的聚氨酯硬泡连续屏障的振动放大较弱，这是屏障本身的材料属性和物理力学特性所决定的。这也说明了锚杆约束的聚氨酯硬泡连续屏障不仅能对振动波进行有效地屏蔽，而且能对隔振区的振动放大进行一定程度的减弱。

5.4.3　不同隔振措施对低频振动的隔振效果对比

以竖向振动加速度振幅衰减系数 A_{RC} 为指标，研究桩振源激励下不同隔振措施对低频振动的隔振效果。表 5-9～表 5-12 为距离振源不同距离时，屏障隔振前后竖向加速度振动峰值大小和振幅衰减系数 A_{RC} 大小。

距离振源 25m（屏障后缘 5m）地面竖向加速度振幅衰减系数 A_{RC} 对照表　表 5-9

FREQ（Hz）	无屏障（m/s^2）	混凝土（m/s^2）	A_{RC}	聚氨酯硬泡（m/s^2）	A_{RC}
1	6.25E-05	5.94E-05	0.95	5.58E-05	0.89
2	2.16E-04	1.96E-04	0.91	1.98E-04	0.92
3	4.96E-04	4.19E-04	0.84	4.94E-04	1.00
4	1.02E-03	7.80E-04	0.76	1.19E-03	1.16
5	1.93E-03	1.33E-03	0.69	2.05E-03	1.06
6	2.98E-03	1.79E-03	0.60	2.24E-03	0.75
7	4.45E-03	2.24E-03	0.50	2.91E-03	0.65

续表

FREQ（Hz）	无屏障（m/s²）	混凝土（m/s²）	A_{RC}	聚氨酯硬泡（m/s²）	A_{RC}
8	6.12E-03	2.89E-03	0.47	3.73E-03	0.61
9	6.73E-03	2.79E-03	0.41	2.54E-03	0.38
10	5.96E-03	1.97E-03	0.33	5.39E-04	0.09

距离振源 30m（屏障后缘 10m）地面竖向加速度振幅衰减系数 A_{RC} 对照表 表 5-10

FREQ（Hz）	无屏障（m/s²）	混凝土（m/s²）	A_{RC}	聚氨酯硬泡（m/s²）	A_{RC}
1	4.04E-05	3.90E-05	0.97	3.71E-05	0.92
2	1.42E-04	1.33E-04	0.94	1.33E-04	0.94
3	3.39E-04	3.02E-04	0.89	3.32E-04	0.98
4	7.52E-04	6.27E-04	0.83	8.08E-04	1.07
5	1.62E-03	1.28E-03	0.79	1.59E-03	0.98
6	2.72E-03	2.04E-03	0.75	2.23E-03	0.82
7	3.24E-03	2.11E-03	0.65	2.55E-03	0.79
8	3.62E-03	1.83E-03	0.51	2.24E-03	0.62
9	4.45E-03	2.05E-03	0.46	1.07E-03	0.24
10	4.88E-03	1.42E-03	0.29	1.38E-03	0.28

距离振源 35m（屏障后缘 15m）地面竖向加速度振幅衰减系数 A_{RC} 对照表 表 5-11

FREQ（Hz）	无屏障（m/s²）	混凝土（m/s²）	A_{RC}	聚氨酯硬泡（m/s²）	A_{RC}
1	2.28E-05	2.18E-05	0.95	2.19E-05	0.96
2	8.33E-05	7.71E-05	0.93	8.08E-05	0.97
3	2.07E-04	1.83E-04	0.88	2.08E-04	1.00

续表

FREQ（Hz）	无屏障（m/s²）	混凝土（m/s²）	A_{RC}	聚氨酯硬泡（m/s²）	A_{RC}
4	4.98E-04	4.19E-04	0.84	5.45E-04	1.09
5	1.24E-03	1.01E-03	0.81	1.25E-03	1.01
6	2.44E-03	1.95E-03	0.80	2.03E-03	0.83
7	3.26E-03	2.56E-03	0.79	2.41E-03	0.74
8	2.94E-03	2.30E-03	0.78	1.47E-03	0.50
9	3.24E-03	1.54E-03	0.47	4.77E-04	0.15
10	3.50E-03	1.18E-03	0.34	1.23E-03	0.35

距离振源 40m（屏障后缘 20m）地面竖向加速度振幅衰减系数 A_{RC} 对照表 表 5-12

FREQ（Hz）	无屏障（m/s²）	混凝土（m/s²）	A_{RC}	聚氨酯硬泡（m/s²）	A_{RC}
1	9.72E-06	8.74E-06	0.90	9.77E-06	1.01
2	3.89E-05	3.41E-05	0.88	3.95E-05	1.02
3	1.03E-04	8.71E-05	0.84	1.10E-04	1.07
4	2.72E-04	2.24E-04	0.82	3.32E-04	1.22
5	7.76E-04	6.28E-04	0.81	8.92E-04	1.15
6	1.63E-03	1.31E-03	0.81	1.52E-03	0.93
7	2.26E-03	1.89E-03	0.84	1.78E-03	0.79
8	1.99E-03	1.87E-03	0.94	8.22E-04	0.41
9	2.52E-03	1.44E-03	0.57	5.95E-04	0.24
10	3.40E-03	1.39E-03	0.41	1.34E-03	0.40

根据上述表格，可得到以下结论：

（1）在桩振源激励下，混凝土连续墙对 10Hz 频段以内的低频振动隔振效果不太理想，竖向加速度振幅衰减系数 A_{RC} 很大，但没有出现隔振区振动放大现象。

（2）锚杆约束的聚氨酯硬泡连续屏障对 8～10Hz 范围内低频振动的隔振效果较好，但在 2～5Hz 频段范围内出现了稍微的振动放大现象，一方面可能是因为屏障系统的固有频率为 2.5Hz 左右，振源主要激励频率与之发生共振，在屏障处产生次生振源，屏障隔振失效，造成振幅叠加而增大；另一方面，可能是由于振源荷载能量通过桩传导到土体深处，加上屏障深度不足，使得少部分振动波从屏障底部绕到隔振区，使得透射波与绕射过来的波相互干涉，造成了振幅增大。

（3）两种隔振屏障对 5Hz 以内的低频振动隔振效果都不是很理想，需要通过改进隔振屏障来进一步提高屏障对低频振动的隔振效果。

5.5 本章小结

本章通过三维有限元建模数值分析，一方面对无屏障隔振措施是地表振动传播衰减规律进行分析，与现场实测数据得出的规律基本一致，验证了数值模拟方法的正确性与可靠性；另一方面，则对混凝土连续墙和锚杆约束的聚氨酯连续屏障分别在地面振源激励下和桩振源激励下的隔振性能研究，尤其是对低频振动的隔振效果。得出以下结论：

（1）振动波在土体中以竖向振动为主，且振动波的传播随着距离的增加而衰减逐渐明显；

（2）随着距振源距离的增大，土层对中高频振动波具有非常明显的衰减作用，但是对 10Hz 以下频段的低频振动，尤其是水平振动波，衰减作用较弱；振动波频率越高，其在土体中的衰减越快；

（3）混凝土连续墙对中高频振动波有较好的隔振效果，但是对于 10Hz 以下频段的低频振动波的隔振效果不佳；墙体附近处出现振动放大现象，尤其是 10～15Hz 范围内振动放大更明显；

（4）锚杆约束的聚氨酯硬泡连续屏障对振动波的隔振效果较好，距屏障后缘 15m 左右，15Hz 以上频段的振动波基本被衰减和屏蔽殆尽；对于 6～10Hz 范围内低频振动的隔振效果较好，但是对 5Hz 以内的低频振动的隔振效果较差，而且在 2～5Hz 出现了稍微的振动放大现象；加之，聚氨酯硬泡连续屏障自身的材料属性和物理力学特性，与混凝土连续墙屏障相比，屏障附近处的振动放大较弱；

（5）总体来说，锚杆约束的聚氨酯硬泡连续屏障隔振性能优于混凝土连续墙屏障。

第6章 试验模型的建立与振动的 传播与衰减规律

6.1 模型试验的研究概况

在古代，人们只能从初等数学的角度来探讨自然界的规律性，逐渐有了科学发展的萌芽，但初等数学有局限性，只能研究简单的、静止的事物。17 世纪以来，人们为了研究更为复杂的、运动的、随时间变化的客观事情，在初等数学的基础上进一步开发了高等数学工具。利用高等数学工具，人们可以从以前只能探索二维空间的规律性到直接迈入可探索三维空间的奥秘，从探索地球逐渐向探索宇宙前进，解决了很多自然界的问题。但高等数学也有一定的局限性，只能从理论上探讨自然界事物的表象，因此，人们不得不依靠试验来探索自然界事情的本质规律。

人们依靠试验的方法，解决了许多靠数学方法无法解决的问题，并且也仍然运用这种方法去求得问题的解决，但这种方法有局限性，除了一些由于条件的限制无法采用直接试验方法的情况外，这种局限性还表现在：直接试验只能得出所研究事物的本质，不能向同性质或者类似的事物进行推广。因此，在大量试验的基础上，人们研究出一种理论来指导试验，这便是相似理论。相似理论是一种解释自然界和实际工程中各种类似现象的理论，能够把实际工程与试验内容联合在一起，把试验所得到的数据结果进行分析得出相应的公式，由此可推广到工程中或其他类似现象的工程中，工程中的许多经验公式都是由此推导出来的。相似理论的最重要的价值是可以为模型实验提供参考，相似理论在理论分析上给出了试验的可行性，对试验的基本布局问题进行指导，可以为模型试验的尺寸大小、参数的减小或增加、所研究物体性能的变化等方面提供理论依据，模型试验的价值在于以最低的成本和最短的时间，得出所要研究物体的本质。

我国古代先民的智慧是无穷的，很早就充分利用了模型试验来研究事物的规律，唐朝时期的工匠在修建大明宫时，先用木头建造小比例的模型来验证其可靠性和稳定性，在对其受力性能进行评估后在按原比例建造大明宫；又如，北宋初期著名的建筑工匠喻浩主持修建汴梁开宝寺木塔时，就先做模型进行试验，然后开工。近代以来，国内外不少学者或机构利用模型试验成功解决工程问题，1986年法国结构工程师古斯塔夫·埃菲尔在对即将开建的埃菲尔铁塔进行结构设计时，就事先做了一个缩小版的铁塔进行各种试验，以此得到数据，进行分析后开工建设；又如，我国第一艘核潜艇长征一号，是由木头模型开始做起，在经过长达几年的拆拆卸卸、敲敲打打后获取了大量的经验，使我国第一艘核潜艇在1970年就下水服役了。

现如今，科学技术的发展越来越快，而其中模型试验发挥的作用是必不可少的，尤其是在工科领域。每次有了新的理论或假设的提出，就需要通过各种试验来验证理论或假设的正确性；而在试验的过程中，又会出现各种新的规律和问题，这又需要理论对其进行解释，总之，科学技术就是在无穷的理论假设和试验过程中前进的。模型试验的意义，可以从以下几个方面来说明。

（1）相对于原型而言，模型试验只是原型的缩小版，所以制造方便，制作相对容易，只需花少量的时间和人力就可完成，有利于节约成本。

（2）作为一种研究方法，模型试验可在室内进行，不受自然因素和其他外界的因素的干扰，试验内容的主要参数可以严格控制，也便于改变试验参数进行对比试验，试验数据的准确型可以得到保证。

（3）模型试验的针对性强，可以在复杂情况下，根据试验的目的突出过程中的主要矛盾，并且容易抓住和掌握现象的内在联系，有时也可以用来验证原型的结论。

（4）模型试验可以预测尚未建立的实物或根本不能直接研究的物体的性能。当其余的研究方法不可行时，模型试验就成为相似性问题的一种较为重要的研究方法。

6.2 试验模型的建立

6.2.1 试验模型的制作

模型试验的研究主要有三个方面的内容：一是冲击荷载下振动的传播与衰减规律；二是地面振源激励下，不同隔振屏障的隔振效果；三是隧道振源激励下，不同隔振屏障的隔振效果。

试验在由木板搭接中的模型箱中进行，为了减少车辆、行人、施工之类的外界干扰，将模型箱放置于学校土木结构试验室厂房内，模型箱的长宽高尺寸为 3m×1.6m×1m，在模型箱内填土，为防止箱内填土的侧压力过大使木板破裂，在模型箱四周用脚手架进行固定，如图 6-1 所示。由于研究的振动的传播和衰减规律，激发振动后，当振动波传播到模型箱的箱壁时，会产生反射效应，反射波与入射波相互叠加，会对试验的结果和准确性造成极大的干扰。为了减少这种边界反射作用，使模型试验更能反映实际工况，在箱体四周紧贴放置一层 5cm 厚的聚苯乙烯泡沫板，如图 6-2 所示，该材料刚度较小，并且内部充满了孔隙，是一种很好的吸波材料，可以减少干扰，使得试验顺利进行。

图 6-1　模型箱示意图

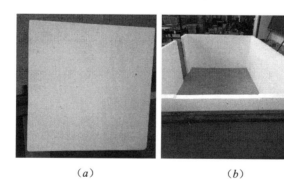

（a）　　　　　　　　　　（b）

图 6-2　聚苯乙烯泡沫板

试验箱内填充的南昌地区常见的土壤，取自江西省南昌市某工程现场，如

图 6-3 所示，土样取回来及时平铺放置于试验室厂房内通风处，并用电风扇辅助风干，每天用铁锹翻铲一到两次。在半干燥的土样中，需用铁锤将大块的土样砸碎，防止完全干燥后土块过大，难以敲碎。土样风干后，及时清出枯枝落叶、植物根、残渣等杂物，用铁锤将大土块敲碎，碾磨成小颗粒，如图 6-4 所示。

图 6-3　试验土样

（a）　　　　　　　　　（b）

图 6-4　处理中的土样

往试验箱内填充土体时，为使模型地层尽量均匀，采用分层夯实的方法，每层 20cm 厚度的土层，在模型箱内用记号笔做好标记，分为 5 层进行制作。制作每层时，将适量的土样铲入模型箱内，在加入适量的水，用铁棒等重物击打进行夯实，按照先四周后中间的顺序将土样进行，通过控制夯实的顺序和击打次数，使土体密度大致均匀。第一层制作完毕后，在模型箱中预埋入 PVC 管，接着制作剩下的 4 层。制作过程如图 6-5 所示。

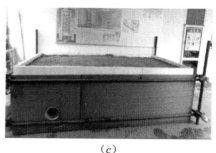

| (a) | (b) | (c) |

图 6-5　模型地层分层制作过程

6.2.2　试验设备

本试验采用的仪器设备主要由激振系统和数据采集分析系统组成。激振系统如图 6-6 所示，由一台南京佛能科技实业有限公司生产的 HEV-20 型高能电动式激振器（主要技术指标见表 6-1）和一台与激振器配套的 HEAS-20 型功率放大器组成。

图 6-6　激振系统

当功率放大器供给动圈可变频率电流时，根据电磁感应定律，可以得到：

$$F = 0.102BLI \times 10^{-4} \tag{6-1}$$

式中，F 为激振力；B 为工作气隙中平均磁感应强度（高斯）；I 为动圈中的电流瞬时值（A）；L 为切割磁力线的线圈的导线的有效长度（m）。

由式（6-1）可得：

$$\alpha = F/I = 0.102BL \times 10^{-4} \tag{6-2}$$

对于每台激振器而言，B 和 L 均为常数，故 α 为定值，通常称 α 为激振器的力常数。

HEV-20 型高能电动式激振器主要技术指标　　　　　　表 6-1

最大允许激振力	20N
力常数	8N/A
力常数校准误差	＜ 1%
最大振幅	±5mm
最大允许峰值电流	2.5A_p
使用频率范围	0 ～ 5kHz
动圈直流电阻	4.1 Ω
可动部件质量	50g
可动部件第一阶固有频率	6.4kHz
最大激振力对电流的非线性	＜ 1‰
总重量（包括支架）	1kg
总尺寸（直径 × 高）	ϕ 66mm×84mm

　　数据采集分析系统由 7 只江苏东华测试股份有限公司生产的 IEPE 压电式加速度传感器，技术指标见表 6-2；一台江苏东华测试股份有限公司生产的 DH5922N 型数据采集仪和与一台安装了与采集仪配套的分析软件的笔记本电脑组成。

IEPE 压电式加速度传感器主要技术指标　　　　　　表 6-2

型号	灵敏度（mV/ms^{-2}）	量程（ms^{-2}）	频率范围（Hz）	重量（g）
1A102E	－ 1	5000	0.5 ～ 10000	5.5

　　工业生产、交通运输和建筑施工所引起的振动中，垂向振动往往比横向振动更加突出，因此，一般将垂直振动作为振动测量的参数。例如，中国的《城市区域环境振动测量方法》GB 10071—88 中规定的振动测量值为铅垂向的 Z 振级，在本试验中只对垂直加速度值进行测量。

在进行加速度传感器的安装时，可在传感器底部用 502 胶水粘结一个小瓷片，在测点安放传感器时，只要保持小瓷片与土体平面平行，就可使传感器保持垂直状态。这种处理方法的另一个优点是增加了传感器与土体振动的接触面积，使传感器对振动更敏感，也可以降低高频段的噪声。在每个传感器的导线上贴上数字标签，方便连接到分析仪器上的接口，防止弄混，如图 6-7 所示。安放传感器时需使导线处于放松状态，不可使导线受力，各个传感器的导线需单独放置，不可缠绕混淆到一起，以免导线间的电流相互作用，对试验数据产生干扰。安装好的整套试验设备如图 6-8 所示。

（a）　　　　　　　　　　　　　　　　　（b）

图 6-7　传感器的埋放

图 6-8　整套的试验设备

6.3　振动的传播与衰减规律

在施工过程中，当地基的承载力满足不了设计要求时，就需要用到强夯法来加固处理地基。强夯法利用强夯机将重锤从一定高度自由下落，产生了巨大的冲击力，可迅速提高土体的压缩模量，使土体的紧密一致，提高了承载力，在工地上得到了广泛的运用。但强夯引起的振动会对邻近建筑物和居民的生产和生活产生很大影响，建筑物在强大的冲击力下可能会结构损伤，人会心率不齐、血压升高，产生焦虑感，影响工作。

从土动力学角度看，强夯可被理解成是一种瞬时冲击荷载。在模型试验中，可以控制作用与土体的能量来研究冲击荷载作用下土体的振动与衰减规律，来了解土的动力学性质，所以，进行冲击荷载下振动的衰减规律研究是十分必要的。谭捍华[75]对强夯引起的地面振动随振源距的衰减进行了研究，研究结果表明该衰减规律可以很好地用如公式（6-3）表示：

$$a = k_{a} \cdot R^{-\alpha} \tag{6-3}$$

其中 a 为加速度峰值；k_{a} 为与场地条件有关的常数；R 为与振源的距离，α 为衰减系数。

6.3.1 冲击振动试验

研究冲击荷载作用下振动的传播与衰减规律：记为冲击振动试验，根据试验的需要，在设计传感器和荷载加载位置时，由于受到模型箱的尺寸的限制并考虑模型试验的缩尺效应，测点和冲击荷载加载点布置在模型箱内长方向中轴线上，依次排开，冲击荷载加载点距离模型箱宽边55cm，共布置7个测点，分别记为1号，2号，…，7号。1号与冲击荷载加载点相距30cm，测点间两两相距30cm；具体布置平面图如图6-9所示。

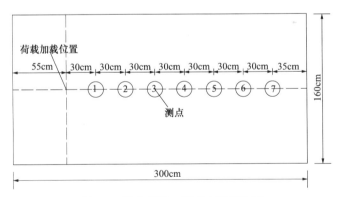

图 6-9　冲击荷载、测点布置平面图

冲击振动试验用一块中间带孔的，质量为5kg的圆柱形铁饼从一定高度自由落体模拟冲击荷载，为控制铁饼竖直落下的位置及高度，在铁饼落下的位置中心埋入一根铁杆，铁饼中心的圆孔穿过铁杆而下落作于地基土上，如图6-10所示，利用这种简易方式施加冲击荷载有如下三个优点：

（1）可以精确地控制铁饼为竖直的自由下落，以免下落的时候击偏或击歪，保证冲击荷载的作用方向为竖直。

（2）可以将集中荷载通过铁饼均匀的分散开开来，否则铁饼直接作用在土体上时会产生明显的冲击坑，能量传递的随机性会增大，会对试验结果造成一定的影响。

（3）铁杆竖直埋入土中，可方便地在铁杆上标明高度，试验中易于控制试验下落参数，为试验的准确性和制定试验方案提供了很大的方便。

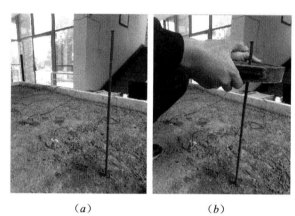

（a）　　　　　　　　　　（b）

图 6-10　冲击荷载施加装置

6.3.2　试验结果分析

在铁杆上标记刻度，让铁饼分别从 40cm、30cm 和 20cm 的高度落下，对各测点进行振动加速度分析，图 6-11 ～图 6-17 分别为 1 号，2 号，…，7 号的竖向加速度时程曲线，表 6-3 为三种不同落高下冲击荷载作用下各测点的加速度峰值和对应的振源距。

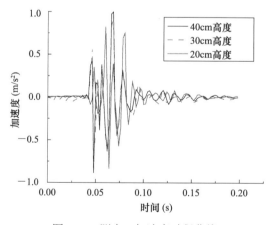

图 6-11　测点 1 加速度时程曲线

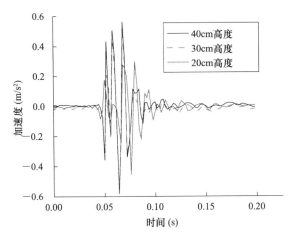

图 6-12 测点 2 加速度时程曲线

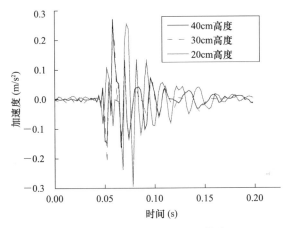

图 6-13 测点 3 加速度时程曲线

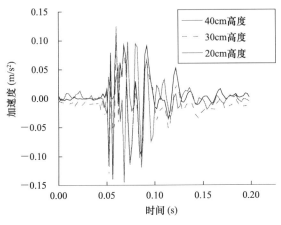

图 6-14 测点 4 加速度时程曲线

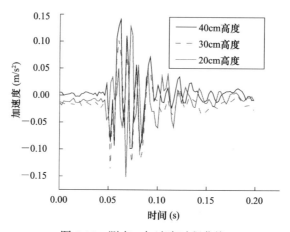

图 6-15　测点 5 加速度时程曲线

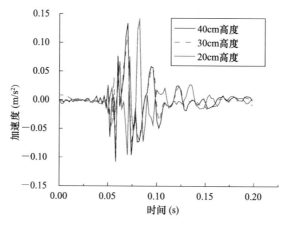

图 6-16　测点 6 加速度时程曲线

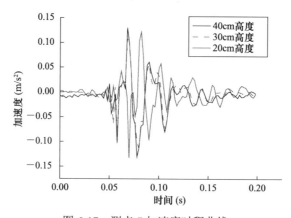

图 6-17　测点 7 加速度时程曲线

根据图 6-11 ～图 6-17 以及表 6-3，可以得到以下结论：

各个测点的加速度峰值和对应的振源距　　　　　　　　表 6-3

测点	振源距 （cm）	40cm 高度加速度峰值 （m/s²）	30cm 高度加速度峰值 （m/s²）	20cm 高度加速度峰值 （m/s²）
1	30	0.99909	0.91245	0.88090
2	60	0.56297	0.48807	0.46484
3	90	0.2718 2	0.23964	0.24019
4	120	0.14125	0.10386	0.12462
5	150	0.11388	0.12781	0.10139
6	180	0.13411	0.11626	0.12367
7	210	0.13001	0.10892	0.12190

铁饼下落高度越高，代表着冲击能量越大，因此引发的曲线来回振荡的幅度也越大。在同一测点，铁饼下落高度越高，产生的振动加速度峰值越大。但分析 40cm、30cm 和 20cm 高度下各个测点的加速度峰值可以看出，加速度峰值不与下落高度成正比，而是非线性增加。

冲击荷载引起的地面振动持续时间较短，振动的衰减时间约为 0.2s，最大加速度峰值出现在离振源最近的测点 1，之后随着测点距离的增加迅速减小，至测点 4 之后振动加速度峰值趋于平稳，衰减幅度很缓慢，这是由于振动中的高频部分随距离的增长衰减迅速，而振动中的中低频部分波长较长，衰减缓慢。

40cm 下落高度下，测点 2 的加速度峰值衰减至测点 1 加速度峰值的 56.35%；测点 3 则衰减至 27.21%，测点 4 衰减至 14.14%，，测点 5 衰减至 11.40%，测点 6 衰减至 13.42%，测点 7 衰减至 13.01%。

30cm 下落高度下，测点 2 的加速度峰值衰减至测点 1 加速度峰值的 53.49%；测点 3 则衰减至 26.26%，测点 4 衰减至 11.38%，测点 5 衰减至 14.01%，测点 6 衰减至 12.74%，测点 7 衰减至 11.94%。

20cm 下落高度下，测点 2 的加速度峰值衰减至测点 1 加速度峰值的 52.77%；测点 3 则衰减至 27.27%，测点 4 衰减至 14.15%，测点 5 衰减至 11.51%，测点 6 衰减至 14.04%，测点 7 衰减至 13.84%。

离冲击振源最远的测点 6 和测点 7 的加速度时程曲线在发生明显的波动后迅速减小，但在这之后曲线发生了不明显的波动现象，而离振源较近的测点 1 和测点 2 却没有观察到明显的后期波动现象。因此，从上述现象可以推断出测点 6 和测点 7 的后期波动现象是由于振动波传播到模型箱的边界时发生反射的原因，虽然在模型箱四周安装了聚苯乙烯泡沫板，但并不能完全吸收振动，还是有少部分的波被反射出去。而反射出去的振动波能量已经很小了，对振动整体的影响不大，试验所得到的加速度数据是有意义的。

由试验数据可知，测点的加速度峰值随振源距的增大而不断衰减，采用 Origin 软件对冲击振动引发的地面振动加速度峰值和各对应的振源距用公式（6-3）进行曲线拟合分析，并计算其相关系数如图 6-18～图 6-20 所示。

相关系数是用来反映不同变量间紧密相关程度的指标，相关系数为无量纲系数，并且该值在－1 到 1 之间变化。若该值的绝对值越接近 1，则说明变量之间的密切程度越高，越接近于 0，则说明变量之间密切程度越低。如果相关系数为正值，说明一个变量增加而另外一个变量也增加；若相关系数为负值，则说明一个变量增加，而另外一个变量则减小。

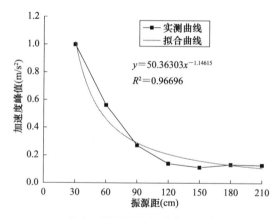

图 6-18　40cm 高度各测点峰值加速度随距离衰减拟合曲线

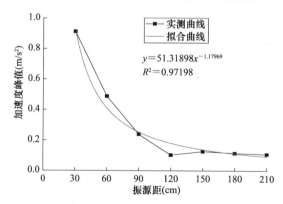

图 6-19　30cm 高度各测点峰值加速度随距离衰减拟合曲线

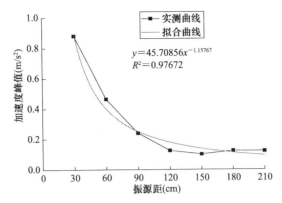

图 6-20　20cm 高度各测点峰值加速度随距离衰减拟合曲线

由图 6-18～图 6-20 可以看出，三次拟合曲线的相关系数值分别为 0.96696、0.97198 和 0.97672，三者的绝对值均近似于 1，说明公式（6-3）对测试结果的拟合效果很好，这反映了冲击荷载作用下峰值加速度随距离的增大按负幂函数衰减。

第7章 地面振源作用下屏障隔振效果试验研究

7.1 无屏障时的试验

为了比较分析不同屏障的隔振效果，首先在不设置任何屏障的工况下进行试验，作为其余各种屏障隔振措施试验的对照组，激振器设置在距离模型箱宽边 50cm，共布置 7 个测点，分别记做 1 号，2 号，…，7 号。1 号与冲击荷载加载点相距 30cm，测点间两两相距 30cm；具体布置平面图如图 7-1 所示。因为本次模型试验使用的激振器功率有一定的限制，激发的振动能量与交通荷载引起振动能量有一定的差异，所以采用加速度峰值作为振动的评价指标。激振器施加的力由功率放大器进行控制，因此，在进行试验时固定功率放大器电流旋钮位置不动，根据公式 (6-1)，这样就可保证激振力大小相同，进一步可以分析不同屏障材料下的隔振效果。

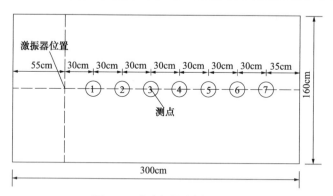

图 7-1 试验仪器布置平面图

李志毅[76]通过现场实测与理论分析对比后指出，高速列车运行引发的地面振动的主频在 100Hz 左右，在距离轨道近点有高频出现，随着距离的增大，因土体自身阻尼的滤波作用，地面加速度幅值减小，高频衰减迅速，而低频衰减速度缓慢，高频被抑制，主要由低频控制。因此，本试验采用不同频率的振动波进行激振，以模拟轨道交通荷载引起的地面振动，激振波的频率为 10 ~ 120Hz 以内、10Hz 的整数倍，分别得到不同频率下各个测点位置的加速度幅值，研究低频段（10～40Hz）、中频段（50～80Hz）和高频段（90～120Hz）时不同屏障的隔振效果。

将激振器固定在图 7-1 所示位置，在不设置屏障时进行试验，试验得到不同激振频率下各个测点加速度数据，对其进行滤波处理后，用各测点的加速度峰值来评价该位置的振动情况，处理后的数据如表 7-1 ～表 7-3 所示。

无屏障时高频段波激振下各测点的峰值加速度值（单位：cm/s²）　表 7-1

测点	振源距（cm）	频率			
		90Hz	100Hz	110Hz	120Hz
1	30	0.363	0.393	0.456	0.482
2	60	0.232	0.292	0.358	0.382
3	90	0.164	0.209	0.255	0.288
4	120	0.132	0.149	0.174	0.190
5	150	0.110	0.128	0.142	0.156
6	180	0.096	0.113	0.123	0.132
7	210	0.078	0.084	0.092	0.098

无屏障时中频段波激振下各测点的峰值加速度值（单位：cm/s²）　表 7-2

测点	振源距（cm）	频率			
		50Hz	60Hz	70Hz	80Hz
1	30	0.252	0.275	0.321	0.338
2	60	0.189	0.209	0.232	0.245
3	90	0.149	0.151	0.165	0.174
4	120	0.117	0.121	0.138	0.143
5	150	0.105	0.110	0.122	0.132

续表

测点	振源距（cm）	频率			
		50Hz	60Hz	70Hz	80Hz
6	180	0.091	0.096	0.105	0.116
7	210	0.080	0.081	0.083	0.093

无屏障时低频段波激振下各测点的峰值加速度值（单位：cm/s²）　　表 7-3

测点	振源距（cm）	频率			
		10Hz	20Hz	30Hz	40Hz
1	30	0.154	0.186	0.204	0.225
2	60	0.137	0.160	0.168	0.190
3	90	0.124	0.138	0.146	0.165
4	120	0.110	0.124	0.134	0.142
5	150	0.101	0.110	0.127	0.131
6	180	0.098	0.105	0.112	0.120
7	210	0.090	0.101	0.108	0.111

为了更直观地看出不同频率下振动的衰减规律，由表 7-1 ～表 7-3 可绘制不同频率下各测点的加速度峰值随振源距衰减的曲线，如图 7-2 ～图 7-4 所示。

根据图 7-2 ～图 7-4，可得到以下结论：

各个测点的加速度峰值随激振频率的增大而增大，激振频率越高，加速度峰值越大；振动随振源距离的增大而衰减速度变慢，距振源较近处衰减快，距振源较远处衰减速度变慢，基本上符合振动波在土中的传播与衰减规律。

高频振动波在地基土中的衰减速度比低频振动波要更快，在大于 70Hz 的中高频段波激振时，在土体的阻尼和滤波作用下，振动衰减迅速，振动在离振源 210cm 的测点 7 相对测点 1 而言已经衰减了 80%。而对于 70Hz 以下的中低频段波激振时，土体阻尼的衰减作用相对较弱，振动波衰减较为缓慢，尤其是 40Hz

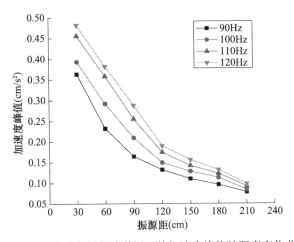

图 7-2　无屏障时高频段波激振下的加速度峰值随距离变化曲线

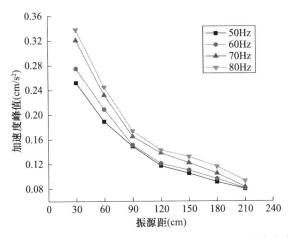

图 7-3　无屏障时中频段波激振下的加速度峰值随距离变化曲线

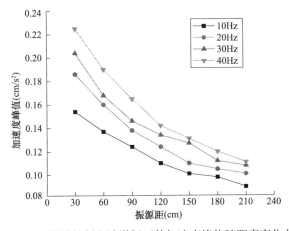

图 7-4　无屏障时低频段波激振下的加速度峰值随距离变化曲线

以下的低频部分，振动在离振源 210cm 的测点 7 相对测点 1 而言才衰减了 45%
左右。低频是振动波在地基土中传播时衰减最慢的频率，这些特点与土体对振动
波的放大作用是有关的，在波的传播过程中，与土体固有频率相近的频率段会有
一定的放大效应，从而出现衰减较慢的情况。

7.2　聚苯乙烯泡沫板的隔振试验

荷载加载位置与测点位置和无屏障试验一样，同样需布置水平方向的测点 7
个，试验测点及屏障布置如图 7-5 和图 7-6 所示。屏障为聚苯乙烯泡沫板，其尺寸
为 100cm×50cm×5cm 的，将图 7-5 中所示的屏障埋置位置周围的土体小心挖开，
再将聚苯乙烯泡沫板放入挖开的沟中，最后将屏障周围的土体回填，分层夯实，最
后形成一道宽 100cm、厚 5cm、深 50cm 的聚苯乙烯泡沫隔振屏障，如图 7-7 所示。

将激振器固定在图 7-5 所示位置，按照计划好的试验方案进行激振，激振波
的频率为 10 ～ 120Hz、10Hz 的整数倍，分别得到不同频率下各个测点位置的加
速度时程曲线，对其进行滤波处理后，将各个测点的加速度峰值用来评价该位置
的振动情况，处理后的数据如表 7-4 ～表 7-6 所示。

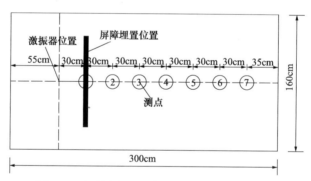

图 7-5　试验测点及屏障布置示意图（平面图）

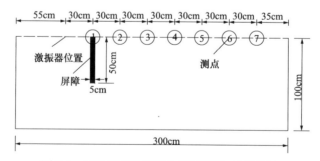

图 7-6　试验测点及屏障布置示意图（剖面图）

（a）　　　　　　　　　　　（b）

图 7-7　聚苯乙烯泡沫隔振屏障

聚苯乙烯屏障时高频段波激振下各测点的峰值加速度值（单位：cm/s²）　表 7-4

测点	振源距（cm）	频率			
		90Hz	100Hz	110Hz	120Hz
1	30	0.242	0.273	0.326	0.344
2	60	0.145	0.170	0.212	0.204
3	90	0.113	0.134	0.161	0.190
4	120	0.101	0.122	0.131	0.136
5	150	0.096	0.109	0.121	0.126
6	180	0.088	0.101	0.111	0.111
7	210	0.079	0.090	0.094	0.99

聚苯乙烯屏障时中频段波激振下各测点的峰值加速度值（单位：cm/s²）　表 7-5

测点	振源距（cm）	频率			
		50Hz	60Hz	70Hz	80Hz
1	30	0.209	0.201	0.236	0.240
2	60	0.139	0.144	0.159	0.145
3	90	0.125	0.119	0.130	0.126

续表

测点	振源距（cm）	频率			
		50Hz	60Hz	70Hz	80Hz
4	120	0.108	0.103	0.121	0.112
5	150	0.097	0.093	0.112	0.107
6	180	0.089	0.091	0.097	0.101
7	210	0.079	0.080	0.079	0.091

聚苯乙烯屏障时低频段波激振下各测点的峰值加速度值（单位：cm/s²）　　表 7-6

测点	振源距（cm）	频率			
		10Hz	20Hz	30Hz	40Hz
1	30	0.129	0.146	0.172	0.198
2	60	0.113	0.130	0.134	0.155
3	90	0.108	0.119	0.127	0.140
4	120	0.101	0.113	0.119	0.125
5	150	0.099	0.107	0.116	0.118
6	180	0.093	0.101	0.110	0.111
7	210	0.087	0.099	0.105	0.107

由于 1 号传感器布置在隔振屏障上，2 ～ 7 号传感器布置在隔振屏障后侧，因此，在分析隔振屏障的隔振效果时，仅对比分析隔振屏障后侧 2 ～ 7 号传感器加速度值与无屏障时相同位置 2 ～ 7 号传感器加速度值。将无屏障时与设置了聚苯乙烯屏障时不同频率下各测点的加速度峰值随振源距衰减的曲线绘制在同一坐标系中，如图 7-8 ～图 7-19 所示。

根据上述曲线，可得到以下结论：

在设置聚苯乙烯泡沫屏障后，在屏障后 90cm 距离范围内出现一个地面振动降低的屏蔽区，屏蔽区内的振动加速度峰值对于无屏障时有明显的减小；而在屏蔽区范围外，屏障的隔振效果不明显，振动加速度峰值大小和传播衰减规律与无屏障时相差不大。

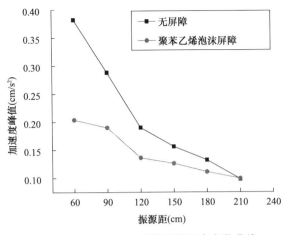

图 7-8　120Hz 下加速度峰值随距离变化曲线

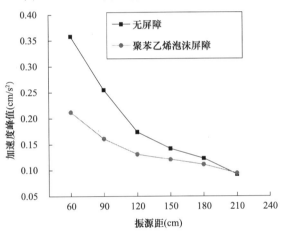

图 7-9　110Hz 下加速度峰值随距离变化曲线

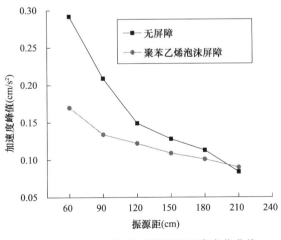

图 7-10　100Hz 下加速度峰值随距离变化曲线

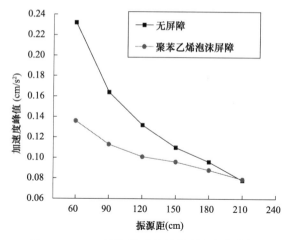

图 7-11　90Hz 下加速度峰值随距离变化曲线

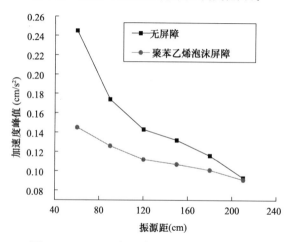

图 7-12　80Hz 下加速度峰值随距离变化曲线

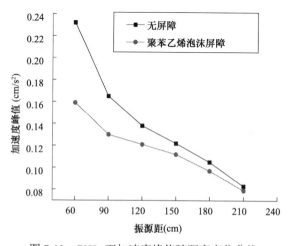

图 7-13　70Hz 下加速度峰值随距离变化曲线

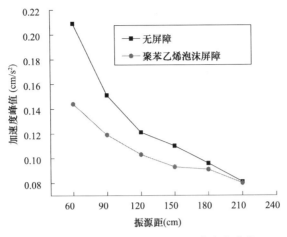

图 7-14　60Hz 下加速度峰值随距离变化曲线

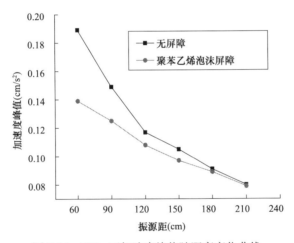

图 7-15　50Hz 下加速度峰值随距离变化曲线

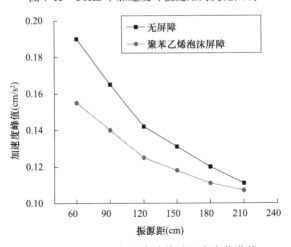

图 7-16　40Hz 下加速度峰值随距离变化曲线

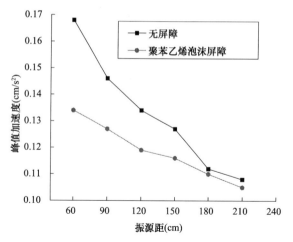

图 7-17　30Hz 下加速度峰值随距离变化曲线

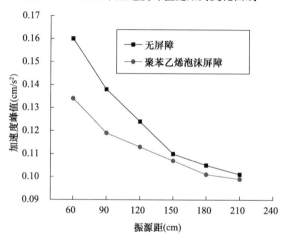

图 7-18　20Hz 下加速度峰值随距离变化曲线

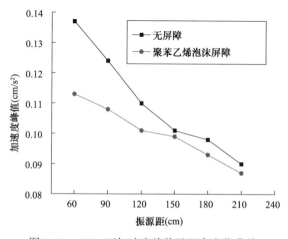

图 7-19　10Hz 下加速度峰值随距离变化曲线

由图 7-8 ～ 图 7-11 可知，90 ～ 120Hz 的高频段波作用下，与无屏障时相比，在设置了聚苯乙烯泡沫屏障情况下，屏障后侧 30cm 处的 2 号传感器，加速度值分别衰减了 37.50%，41.78%，40.78%，46.60%；屏障后侧 60cm 处的 3 号传感器，加速度值分别衰减了 31.10%，35.89%，36.86%，34.07%；屏障后侧 90cm 处的 4 号传感器，加速度值分别衰减了 22.90%，18.12%，24.71%，28.42%。

由图 7-12 ～ 图 7-15 可知，50 ～ 80Hz 的中频段波作用下，与无屏障时相比，在设置了聚苯乙烯泡沫屏障情况下，屏障后侧 30cm 处的 2 号传感器，加速度值分别衰减了 26.46%，31.10%，31.47%，40.82%；屏障后侧 60cm 处的 3 号传感器，加速度值分别衰减了 16.11%，21.19%，21.21%，27.59%；屏障后侧 90cm 处的 4 号传感器，加速度值分别衰减了 7.69%，14.88%，12.32%，21.68%。

由图 7-16 ～ 7-19 可知，10 ～ 40Hz 的低频段波作用下，与无屏障时相比，在设置了聚苯乙烯泡沫屏障情况下，屏障后侧 30cm 处的 2 号传感器，加速度值分别衰减了 17.52%，16.25%，20.24%，18.42%；屏障后侧 60cm 处的 3 号传感器，加速度值分别衰减了 19.51%，35.89%，16.86%，18.75%；屏障后侧 90cm 处的 4 号传感器，加速度值分别衰减了 8.18%，8.87%，11.19%，11.97%。

综上可知，在屏蔽区内，聚苯乙烯泡沫隔振板对中高频的振动波有较好的隔振效果；对于低频段的振动波，聚苯乙烯泡沫隔振板有一定的隔振效果，但没有中高频的隔振效果明显。

7.3　聚氨酯硬泡的隔振试验

1937 年德国的 Otto Bayer 教授在实验室成功的促成二异氰酸盐和多元醇之间的反应，从而生成了聚氨酯这种全新材料，并在此基础上大量地应用于工业生产上，聚氨酯硬泡是聚氨酯材料在建筑保温隔热领域比较常见的一种方式，也是目前市场上应用面最广的建筑保温隔热材料。聚氨酯由两种不同的化工原料 A 料（异氰酸酯）和 B 料（聚醚多元醇）均匀混合发泡而成。

由于聚氨酯硬泡有阻燃性好、粘结力强、质量轻、导热系数高、密封性能好、发泡成型很快等优点，因此，聚氨酯硬泡在建筑保温领域、结构加固领域有广阔的应用前景，已经在建筑结构材料、内外墙保温、道路和地基加固中得到了广泛的运用 [77, 78]。我们可以利用聚氨酯硬泡优良的性质，借鉴运用在屏障隔振领域。因此，本书将重点研究聚氨酯硬泡的隔振性能。

7.3.1　聚氨酯硬泡屏障的制备

聚氨酯硬泡种类繁多，改变 A、B 料的配合比可以得到密度不同的聚氨酯硬泡，而聚氨酯硬泡的密度是影响其物理力学性能最重要的参数。表 7-7 列出了聚氨酯硬泡密度对其力学性能的影响。本试验选用市面上常见的仿木材质和保温材质的聚氨酯硬泡。

聚氨酯硬泡密度对其力学性能的影响　　　　　　　　　表 7-7

密度（g·cm^{-3}）	弹性模量（MPa）	拉伸强度（MPa）	冲击值（J）	压缩强度（MPa）
0.05	4.1	0.56	0.045	0.41
0.25	176.4	2.14	0.15	3.12
0.65	501.0	6.99	0.487	8.19

用亚克力板制作一个内径为 100cm×50cm×5cm 的长方体，作为制作聚氨酯硬泡的模具。如图 7-20 所示。在模具内涂上脱模剂后，用凳子等加固模具四周，并在发泡时固定凳子位置，防止聚氨酯发泡时产生的侧向力将模具崩开。试验在温度 22℃、湿度 80% 的实验室内完成。将聚氨酯硬泡仿木材料或保温材料所需的 A、B 双组分按要求进行配比，之后倒入模具内均匀混合，并人工扰动促使聚氨酯发泡。A、B 料的化学反应过程非常迅速，在搅拌均匀后，只

（a）　　　　　　　　　　　　　　　（b）

图 7-20　制作聚氨酯硬泡的模具

需要 2～3 分钟，其体积迅速膨胀，很快就能充满整个模具，并且在反应过程中释放大量的热量，温度会短时间升高。发泡过程如图 7-21 所示。将多余发泡的聚氨酯用锯子裁成要求的形状后，拆开模具进行脱模处理，制作完成的聚氨酯硬泡如图 7-22 所示。

（a） （b）

图 7-21　聚氨酯硬泡发泡过程

（a） （b）

图 7-22　制作完成的聚氨酯硬泡

7.3.2　聚氨酯硬泡（保温类）的隔振

将聚氨酯硬泡（保温类）屏障埋入聚苯乙烯泡沫隔振屏障试验中的相同位

置进行试验。分别得到不同频率下各个测点位置的时域曲线，对其进行滤波处理后，用各测点的加速度峰值来评价该位置的振动情况，处理后的数据如表7-8～表7-10 所示。

聚氨酯硬泡（保温类）屏障时高频段波激振下各测点的峰值加速度值（单位: cm/s²）　表7-8

测点	振源距（cm）	频率			
		90Hz	100Hz	110Hz	120Hz
1	30	0.279	0.351	0.376	0.364
2	60	0.143	0.167	0.205	0.208
3	90	0.112	0.137	0.164	0.185
4	120	0.101	0.116	0.136	0.142
5	150	0.096	0.105	0.121	0.131
6	180	0.084	0.097	0.109	0.109
7	210	0.076	0.082	0.094	0.101

聚氨酯硬泡（保温类）屏障时中频段波激振下各测点的峰值加速度值（单位: cm/s²）　表7-9

测点	振源距（cm）	频率			
		50Hz	60Hz	70Hz	80Hz
1	30	0.201	0.213	0.245	0.262
2	60	0.133	0.139	0.153	0.151
3	90	0.118	0.117	0.123	0.125
4	120	0.097	0.099	0.115	0.114
5	150	0.089	0.092	0.107	0.107
6	180	0.084	0.088	0.095	0.101
7	210	0.079	0.082	0.085	0.094

聚氨酯硬泡（保温类）屏障时低频段波激振下各测点的峰值加速度值（单位: cm/s²）　表 7-10

测点	振源距（cm）	频率			
		10Hz	20Hz	30Hz	40Hz
1	30	0.133	0.153	0.181	0.198
2	60	0.104	0.121	0.129	0.138
3	90	0.097	0.107	0.114	0.126
4	120	0.091	0.102	0.110	0.118
5	150	0.087	0.098	0.106	0.112
6	180	0.085	0.094	0.101	0.107
7	210	0.083	0.091	0.097	0.105

将无屏障时与设置了聚氨酯硬泡（保温类）屏障不同频率下各测点的加速度峰值随振源距衰减的曲线绘制在同一坐标系中，如图 7-23 ～图 7-34 所示。

根据上述内容，可得到以下结论：

与设置聚苯乙烯泡沫屏障类似，在设置聚氨酯硬泡（保温类）屏障后，在屏障后 90cm 距离范围内同样出现一个地面振动降低的屏蔽区，屏蔽区外，由于会有一大部分振动波从屏障底部绕射过去，从而造成远场振动降低不多。

由图 7-23 ～图 7-26 可知，90 ～ 120Hz 的高频段波作用下，与无屏障时相比，在设置了聚氨酯硬泡（保温类）屏障情况下，屏障后侧 30cm 处的 2 号传感器，加速度值分别衰减了 38.36%，42.82%，42.74%，45.55%；屏障后侧 60cm 处的 3 号传感器，加速度值分别衰减了 31.71%，34.45%，35.67%，35.76%；屏障后侧 90cm 处的 4 号传感器，加速度值分别衰减了 23.48%，22.15%，21.84%，25.26%。

由图 7-27 ～图 7-30 可知，50 ～ 80Hz 的中频段波作用下，与无屏障时相比，在设置了聚氨酯硬泡（保温类）屏障情况下，屏障后侧 30cm 处的 2 号传感器，加速度值分别衰减了 29.63%，33.49%，34.05%，38.37%；屏障后侧 60cm 处的 3 号传感器，加速度值分别衰减了 20.81%，22.52%，25.45%，28.16%；屏障后侧 90cm 处的 4 号传感器，加速度值分别衰减了 17.09%，18.18%，16.67%，20.28%。

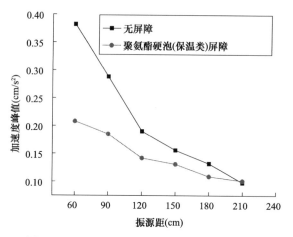

图 7-23　120Hz 下加速度峰值随距离变化曲线

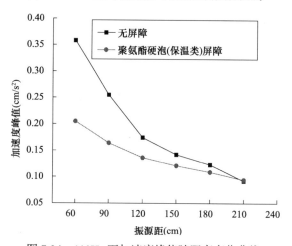

图 7-24　110Hz 下加速度峰值随距离变化曲线

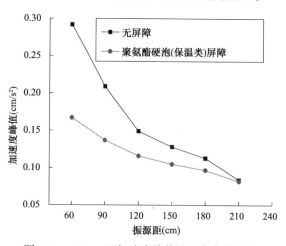

图 7-25　100Hz 下加速度峰值随距离变化曲线

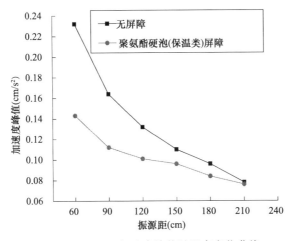

图 7-26 90Hz 下加速度峰值随距离变化曲线

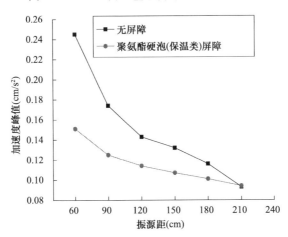

图 7-27 80Hz 下加速度峰值随距离变化曲线

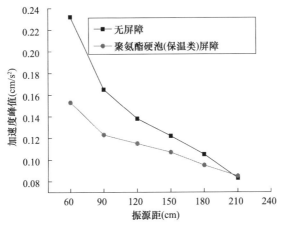

图 7-28 70Hz 下加速度峰值随距离变化曲线

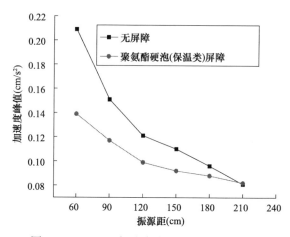

图 7-29　60Hz 下加速度峰值随距离变化曲线

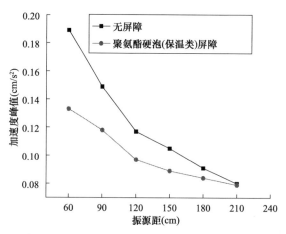

图 7-30　50Hz 下加速度峰值随距离变化曲线

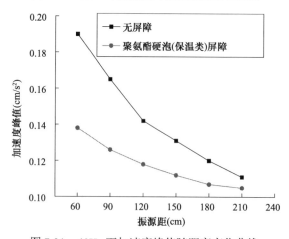

图 7-31　40Hz 下加速度峰值随距离变化曲线

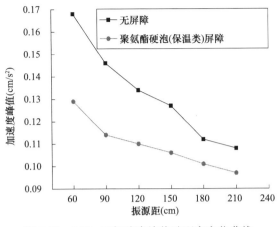

图 7-32　30Hz 下加速度峰值随距离变化曲线

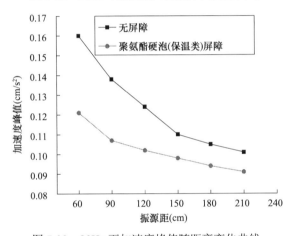

图 7-33　20Hz 下加速度峰值随距离变化曲线

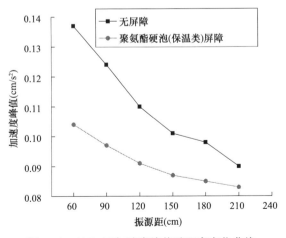

图 7-34　10Hz 下加速度峰值随距离变化曲线

由图 7-31～图 7-34 可知，10～40Hz 的低频段波作用下，与无屏障时相比，在设置了聚氨酯硬泡（保温类）屏障情况下，屏障后侧 30cm 处的 2 号传感器，加速度值分别衰减了 24.09%，24.38%，23.21%，27.37%；屏障后侧 60cm 处的 3 号传感器，加速度值分别衰减了 21.77%，22.46%，21.92%，23.64%；屏障后侧 90cm 处的 4 号传感器，加速度值分别衰减了 17.27%，17.74%，17.91%，16.90%。

由于聚氨酯硬泡材料内部具有大量孔径细小且分布均匀的微孔结构，从而使得振动波易于进入微孔被吸收，经材料内部的摩擦、黏滞等作用，一部分能量被吸收转化耗散从而引起振幅下降，还有聚氨酯硬泡容易变形，通过发生小应变耗能。聚氨酯屏障后缘附近的竖向加速度幅值衰减程度大，这是由于在距离墙体后缘较近处，大部分波被吸收耗散，只有少部分波绕射和透射过屏障，说明隔振效果较好。

对比不同激振频率下各个测点的加速度峰值随距离变化曲线可看出，在屏蔽区内，聚氨酯硬泡（保温类）屏障对中高频的振动波隔振效果较好，与无隔振时相比，最高可降低地表振动加速度峰值 45% 左右；对于低频段的振动波，设置聚氨酯硬泡（保温类）屏障可降低振动加速度峰值 25% 左右。

7.3.3　聚氨酯硬泡（仿木类）的隔振

试验得到不同频率下各个测点位置的时域曲线，对其进行滤波处理后，用各测点的加速度峰值来评价该位置的振动情况，处理后的数据如表 7-11～表 7-13 所示。

聚氨酯硬泡（仿木类）屏障时高频段波激振下各测点的峰值加速度值（单位：cm/s²）　表 7-11

测点	振源距（cm）	频率			
		90Hz	100Hz	110Hz	120Hz
1	30	0.229	0.249	0.284	0.332
2	60	0.119	0.143	0.164	0.165
3	90	0.096	0.116	0.149	0.151
4	120	0.089	0.104	0.121	0.123
5	150	0.085	0.091	0.115	0.116

续表

测点	振源距（cm）	频率			
		90Hz	100Hz	110Hz	120Hz
6	180	0.081	0.090	0.101	0.108
7	210	0.078	0.083	0.094	0.097

聚氨酯硬泡（仿木类）屏障时中频段波激振下各测点的峰值加速度值（单位: cm/s²） 表 7-12

测点	振源距（cm）	频率			
		50Hz	60Hz	70Hz	80Hz
1	30	0.189	0.197	0.212	0.219
2	60	0.111	0.118	0.121	0.137
3	90	0.098	0.101	0.106	0.109
4	120	0.084	0.087	0.093	0.101
5	150	0.081	0.085	0.087	0.098
6	180	0.079	0.082	0.084	0.094
7	210	0.081	0.076	0.079	0.091

聚氨酯硬泡（仿木类）屏障时低频段波激振下各测点的峰值加速度值（单位: cm/s²） 表 7-13

测点	振源距（cm）	频率			
		10Hz	20Hz	30Hz	40Hz
1	30	0.128	0.136	0.169	0.184
2	60	0.097	0.110	0.112	0.124
3	90	0.093	0.102	0.106	0.117
4	120	0.091	0.099	0.103	0.108

续表

测点	振源距（cm）	频率			
		10Hz	20Hz	30Hz	40Hz
5	150	0.088	0.097	0.099	0.104
6	180	0.083	0.094	0.095	0.101
7	210	0.079	0.090	0.093	0.099

　　将无屏障时与设置了聚氨酯硬泡（仿木类）屏障不同频率下各测点的加速度峰值随振源距衰减的曲线绘制在同一坐标系中，如图 7-35 ～图 7-46 所示。

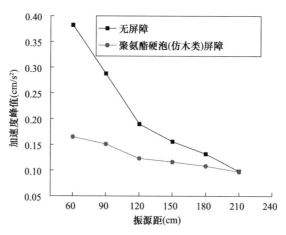

图 7-35　120Hz 下加速度峰值随距离变化曲线

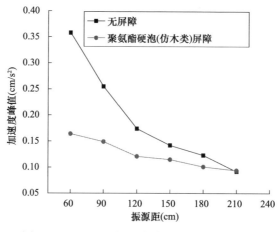

图 7-36　110Hz 下加速度峰值随距离变化曲线

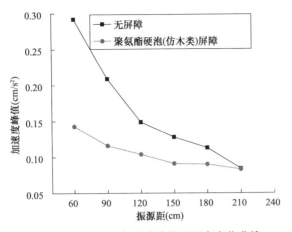

图 7-37 100Hz 下加速度峰值随距离变化曲线

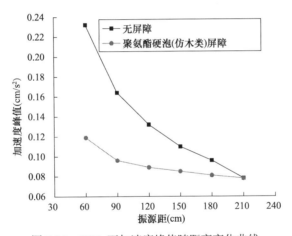

图 7-38 90Hz 下加速度峰值随距离变化曲线

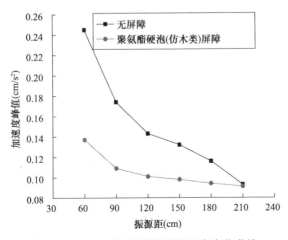

图 7-39 80Hz 下加速度峰值随距离变化曲线

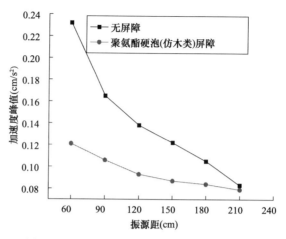

图 7-40　70Hz 下加速度峰值随距离变化曲线

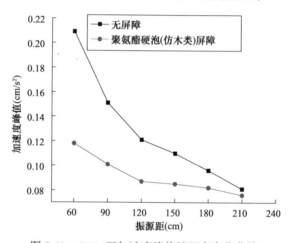

图 7-41　60Hz 下加速度峰值随距离变化曲线

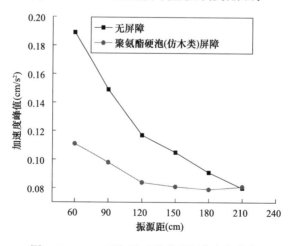

图 7-42　50Hz 下加速度峰值随距离变化曲线

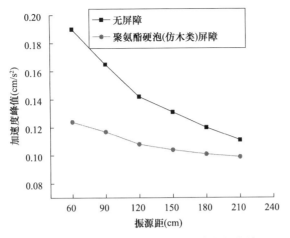

图 7-43　40Hz 下加速度峰值随距离变化曲线

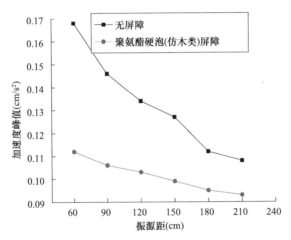

图 7-44　30Hz 下加速度峰值随距离变化曲线

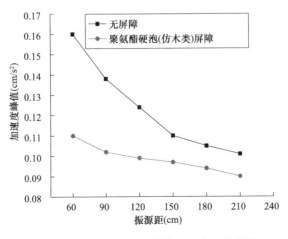

图 7-45　20Hz 下加速度峰值随距离变化曲线

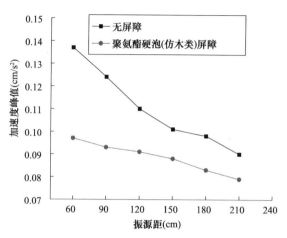

图 7-46　10Hz 下加速度峰值随距离变化曲线

根据上述曲线，可得到以下结论：

由图 7-35 ～图 7-38 可知，90 ～ 120Hz 的高频段波作用下，与无屏障时相比，在设置了聚氨酯硬泡（仿木类）屏障情况下，屏障后侧 30cm 处的 2 号传感器，加速度值分别衰减了 48.71%，51.03%，54.19%，56.81%；屏障后侧 60cm 处的 3 号传感器，加速度值分别衰减了 41.46%，44.50%，41.57%，47.57%；屏障后侧 90cm 处的 4 号传感器，加速度值分别衰减了 32.85%，30.20%，30.46%，35.26%。

由图 7-39 ～图 7-42 可知，50 ～ 80Hz 的中频段波作用下，与无屏障时相比，在设置了聚氨酯硬泡（仿木类）屏障情况下，屏障后侧 30cm 处的 2 号传感器，加速度值分别衰减了 41.27%，43.54%，47.84%，44.08%；屏障后侧 60cm 处的 3 号传感器，加速度值分别衰减了 34.23%，33.11%，35.76%，37.36%；屏障后侧 90cm 处的 4 号传感器，加速度值分别衰减了 28.21%，28.10%，32.61%，29.37%。

由图 7-43 ～图 7-46 可知，10 ～ 40Hz 的低频段波作用下，与无屏障时相比，在设置了聚氨酯硬泡（仿木类）屏障情况下，屏障后侧 30cm 处的 2 号传感器，加速度值分别衰减了 29.19%，31.25%，33.33%，34.74%；屏障后侧 60cm 处的 3 号传感器，加速度值分别衰减了 22.58%，26.09%，27.40%，29.09%；屏障后侧 90cm 处的 4 号传感器，加速度值分别衰减了 17.27%，20.16%，23.13%，23.94%。

比较不同激振频率下各个测点的加速度峰值随距离变化曲线可看出，当激振频率为 120Hz 时，产生加速度峰值最大，与无隔振时相比，聚氨酯硬泡（仿木类）屏障可以降低地表加速度峰值 55% 以上。对于 10 ～ 40Hz 的低频段，也可以降低地表加速度峰值 30% ～ 35% 左右。由此可见，设置了聚氨酯硬泡（仿木类）屏障后，可以有效地降低中低频振动，对于高速列车引发的低频振动，也有很好的隔振效果。

7.4 不同隔振屏障对低频振动的隔振效果对比分析

低频振动对人体伤害很大，容易对人体产生慢性损伤，也会影响到建筑物内的精密仪器和高技术设备的正常运行，而低频虽然振动的幅值不大，但由于振动频率低，波长相对较长，其传播的距离更远，穿越地层及建筑物的能力强，极大地影响了一定范围内的人的生产生活，因此低频成为减振隔振的重点。本节将重点研究不同屏障对低频振动（10～40Hz）的隔振效果。

Woods[1] 在 1968 年进行了现场模型试验，以确定空沟对地面振动传播的隔振效果，写出了人类研究屏障隔振史上的扛鼎之作。第一次提出了主动隔振和被动隔振的概念，并第一次提议了用振幅衰减系数 A_{RF} 来表示隔振效果。A_{RF} 的定义为：A_{RF} ＝ 设置屏隔振障隔振后保护区域内的竖向振幅／无屏隔振障时相同位置的竖向振幅

由定义可知，A_{RF} 越小则代表着屏障的隔振效果越好，这个振幅衰减系数至今仍作为判断屏障隔振效果的重要参数，被广泛引用。

为了更为直观地比较不同隔振屏障的对低频隔振效果，将不同隔振屏障在屏蔽区内对低频振动（10～40Hz）的振幅衰减系数作一个集中比较，如表 7-14 和表 7-15 所示，图 7-47 和图 7-48 为屏障后 30cm 和 60cm 处不同屏障的振幅衰减系数随激振频率的变化曲线。

根据上述图表，可得到以下结论：

（1）聚苯乙烯泡沫屏障对低频振动（10～40Hz）的隔振效果不佳。

（2）聚氨酯硬泡屏障对低频的隔振效果优于聚苯乙烯泡沫屏障，而聚氨酯（仿木类）屏障对低频的隔振效果又优于聚氨酯（保温类）屏障。

屏障后 30cm 处地面竖向加速度振幅衰减系数 A_{RF} 对照表　　　　表 7-14

频率（Hz）	无屏障（cm/s²）	聚苯乙烯泡沫屏障（cm/s²）	A_{RF}	聚氨酯硬泡（保温类）屏障（cm/s²）	A_{RF}	聚氨酯硬泡（仿木类）屏障（cm/s²）	A_{RF}
10	0.137	0.113	0.825	0.104	0.759	0.097	0.708
20	0.160	0.130	0.813	0.121	0.756	0.110	0.688
30	0.168	0.134	0.798	0.129	0.768	0.112	0.667
40	0.190	0.155	0.816	0.138	0.726	0.124	0.653

屏障后 60cm 处地面竖向加速度振幅衰减系数 A_{RF} 对照表　　　　表 7-15

频率 （Hz）	无屏障 （cm/s²）	聚苯乙烯泡沫 屏障（cm/s²）	A_{RF}	聚氨酯硬泡（保温 类）屏障（cm/s²）	A_{RF}	聚氨酯硬泡（仿木 类）屏障（cm/s²）	A_{RF}
10	0.124	0.108	0.871	0.097	0.782	0.093	0.750
20	0.138	0.119	0.862	0.107	0.775	0.102	0.739
30	0.146	0.127	0.870	0.114	0.781	0.106	0.726
40	0.165	0.140	0.848	0.126	0.764	0.117	0.709

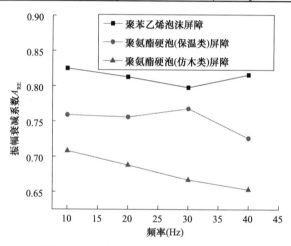

图 7-47　屏障后 30cm 处 A_{RF} 的变化曲线

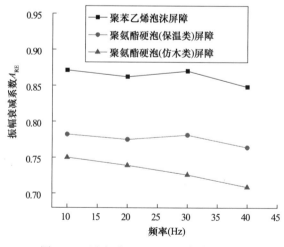

图 7-48　屏障后 60cm 处 A_{RF} 的变化曲线

7.5 本章小结

本章通过模型试验的方法，分析了不同频率，频率分别为 10～120Hz 以内、10Hz 的整数倍的振动波在土中的传播特点。一方面对无屏障隔振措施时振动波传播衰减规律进行分析，另一方面则对聚苯乙烯泡沫屏障、聚氨酯硬泡仿木材质屏障和保温材质连续屏障在地面振源作用下的隔振性能进行了研究，尤其是地面振源激励下对低频振动的隔振效果。绘制出不同屏障隔振时振动波在土中的传播衰减曲线，再将不同屏障在不同频率荷载作用下的加速度峰值随距离变化曲线与无隔振屏障时进行对比。得出以下结论：

（1）各个测点的加速度峰值随激振频率的增大而增大，激振频率越高，加速度峰值越大；而加速度峰值随振源距的增大而减小，在靠近振源处衰减快，远离振源处衰减慢。

（2）由于土体阻尼的作用，土体对中高频振动具有非常明显的衰减作用，中高频振动在土体中衰减迅速；而低频振动在土体中衰减缓慢。

（3）聚苯乙烯泡沫隔振板对中高频的振动波有较好的隔振效果；对于低频段的振动波，聚苯乙烯泡沫隔振板有一定的隔振效果，但没有中高频的隔振效果明显。

（4）聚氨酯硬泡（保温类）屏障对中高频的振动波隔振效果较好，与无隔振时相比，最高可降低地表振动加速度峰值 45% 左右；对于低频段的振动波，设置聚氨酯硬泡（保温类）屏障可降低振动加速度峰值 25% 左右。

（5）聚氨酯硬泡（仿木类）屏障对中高频的振动波隔振效果最好，与无隔振时相比，可以降低地表加速度峰值 55% 以上。对于 10～40Hz 的低频段，也可以降低地表加速度峰值 30%～35% 左右。

（6）总体来说，聚氨酯硬泡（仿木类）屏障的隔振效果最好。对于中高频振动来说，三类屏障都有较好的隔振效果，但对于更为敏感的低频部分，聚氨酯硬泡（仿木类）屏障具有最好的隔振效果，其次是聚氨酯硬泡（保温类）屏障和聚苯乙烯泡沫屏障。

第 8 章　隧道振源作用下屏障隔振效果试验研究

8.1　概述

前面一章对地面振源作用下的聚苯乙烯泡沫屏障、聚氨酯硬泡（保温类）屏障以及聚氨酯硬泡（仿木类）屏障的隔振效果进行了试验研究，得出了不同屏障的隔振效果。

在现实生活中，地铁以其可节省大量土地资源，污染较小，安全准时，基本很少出现故障等优点，已经成为解决大中城市交通拥挤的一种有效的措施，各大城市掀起了修建地铁热潮。但是，地铁运行引发的环境振动问题不容忽视，将影响周边一定范围内的建筑物和地表环境，甚至会对建筑物内的人们的生产生活和高精密仪器产生影响。

因此，本章将以模型试验的方法研究隧道振源作用下，地表各测点的振动衰减情况。以及在设置了聚苯乙烯泡沫屏障、聚氨酯硬泡（保温类）屏障以及聚氨酯硬泡（仿木类）屏障后，隧道振源作用下，研究各屏障的隔振效果。

在模型箱的制作过程中预埋入 PVC 管，PVC 管穿过两对面有孔洞的模型箱壁，PVC 管的直径为 20cm，圆心离模型箱底部距离为 30cm，离宽边的距离为 55cm，具体埋置情况如图 8-1 和图 8-2 所示。用 PVC 管模拟隧道盾构结构，在

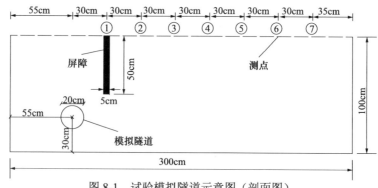

图 8-1　试验模拟隧道示意图（剖面图）

图 8-2 模拟隧道在模型箱中位置

隧道内放置激振器来模拟深层振源，隧道中放置的激振器位置固定在与地面振源激振时激振器位置相同处，试验工况与地面振源试验时相同。

8.2 无屏障时的试验

将激振器固定在隧道中，在不设置屏障时进行试验，试验得到不同激振频率下各个测点加速度数据，对其进行滤波处理后，用各测点的加速度峰值来评价该位置的振动情况，处理后的数据如表 8-1～表 8-3 所示。为了更直观地看出不同频率下振动的衰减规律，由表 8-1～表 8-3 可绘制不同频率下各测点的加速度峰值随振源距衰减的曲线，如图 8-3～图 8-5 所示。

无屏障时高频段波激振下各测点的峰值加速度值（单位: cm/s²）　　　　表 8-1

测点	振源距（cm）	频率			
		90Hz	100Hz	110Hz	120Hz
1	30	0.194	0.223	0.236	0.242
2	60	0.126	0.141	0.187	0.198
3	90	0.105	0.114	0.142	0.150
4	120	0.081	0.091	0.108	0.112

续表

测点	振源距（cm）	频率			
		90Hz	100Hz	110Hz	120Hz
5	150	0.069	0.072	0.081	0.082
6	180	0.062	0.061	0.069	0.071
7	210	0.049	0.052	0.060	0.061

无屏障时中频段波激振下各测点的峰值加速度值（单位：cm/s^2）　表 8-2

测点	振源距（cm）	频率			
		50Hz	60Hz	70Hz	80Hz
1	30	0.157	0.160	0.163	0.172
2	60	0.112	0.128	0.140	0.142
3	90	0.085	0.098	0.101	0.107
4	120	0.067	0.075	0.075	0.081
5	150	0.055	0.061	0.064	0.071
6	180	0.046	0.051	0.055	0.059
7	210	0.041	0.047	0.049	0.052

无屏障时低频段波激振下各测点的峰值加速度值（单位：cm/s^2）　表 8-3

测点	振源距（cm）	频率			
		10Hz	20Hz	30Hz	40Hz
1	30	0.101	0.122	0.136	0.142
2	60	0.089	0.093	0.106	0.114
3	90	0.071	0.073	0.076	0.086

续表

测点	振源距（cm）	频率			
		10Hz	20Hz	30Hz	40Hz
4	120	0.060	0.061	0.064	0.071
5	150	0.051	0.056	0.057	0.064
6	180	0.046	0.051	0.049	0.059
7	210	0.041	0.046	0.043	0.055

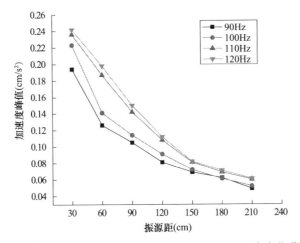

图 8-3　无屏障时高频段波激振下的加速度峰值随距离变化曲线

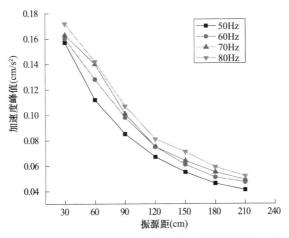

图 8-4　无屏障时中频段波激振下的加速度峰值随距离变化曲线

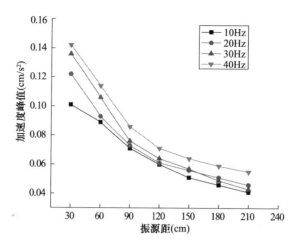

图 8-5　无屏障时低频段波激振下的加速度峰值随距离变化曲线

分析图 8-3 ～图 8-5 的振动衰减数据，可得到以下结论：

比较于上一章研究的地面振源激振试验来说，隧道振源激振下地面的竖向加速度幅值大幅度减小。当激振频率为 120Hz 时，在距离振源 30cm 处时，地面振源激振下测点 1 的竖向加速度峰值为 $0.482cm/s^2$，而隧道振源激振下测点 1 的竖向加速度峰值仅为 $0.242cm/s^2$，相较于地面振源时，加速度峰值减少了 50%。当激振频率为 10Hz 时，在距离振源 30cm 处时，地面振源激振下测点 1 的竖向加速度峰值为 $0.154cm/s^2$，而隧道振源激振下测点 1 的竖向加速度峰值 $0.101cm/s^2$，相较于地面振源时，加速度峰值减少了 34%。这是因为在隧道振源激振作用下，首先在地基土中产生体波（P 波和 S 波）并向振源周围传播，一部分 P 波和 S 波传播到地表时，在受到边界作用下，P 波和 S 波在一定条件下相互叠加产生 R 波，而经过土层介质的阻尼损耗，能够到达地表的振动波的能量已经所剩无几了。

根据本节的研究内容，针对现有的减振措施，可提供一种新型的减隔振思路，将地面振源通过减振桩传递到土层深处，从而增加振动的传播距离，利用土体的阻尼和滤波作用，使到达地表的振动大大减小。可在地面振源集中处、高精密实验室周围、住宅区周围等对振动敏感地方设置减振桩，与隔振屏障相配合，从而达到最好的减隔振效果。

8.3　聚苯乙烯泡沫板的隔振试验

表 8-4 ～表 8-6 为设置聚苯乙烯泡沫屏障时，不同频率下各个测点位置的加

速度幅值。

聚苯乙烯屏障时高频段波激振下各测点的峰值加速度值（单位：cm/s²）   表 8-4

测点	振源距（cm）	频率			
		90Hz	100Hz	110Hz	120Hz
1	30	0.114	0.126	0.132	0.144
2	60	0.072	0.075	0.094	0.107
3	90	0.089	0.091	0.101	0.125
4	120	0.065	0.066	0.077	0.086
5	150	0.059	0.060	0.069	0.069
6	180	0.052	0.051	0.061	0.062
7	210	0.047	0.046	0.055	0.057

聚苯乙烯屏障时中频段波激振下各测点的峰值加速度值（单位：cm/s²）   表 8-5

测点	振源距（cm）	频率			
		50Hz	60Hz	70Hz	80Hz
1	30	0.092	0.099	0.102	0.107
2	60	0.066	0.072	0.079	0.081
3	90	0.069	0.081	0.085	0.090
4	120	0.056	0.061	0.062	0.071
5	150	0.047	0.053	0.056	0.059
6	180	0.042	0.049	0.051	0.052
7	210	0.037	0.043	0.045	0.047

聚苯乙烯屏障时低频段波激振下各测点的峰值加速度值（单位：cm/s²） 表 8-6

测点	振源距（cm）	频率			
		10Hz	20Hz	30Hz	40Hz
1	30	0.076	0.081	0.086	0.088
2	60	0.059	0.060	0.063	0.070
3	90	0.060	0.063	0.068	0.074
4	120	0.052	0.057	0.056	0.061
5	150	0.047	0.052	0.050	0.059
6	180	0.043	0.047	0.046	0.054
7	210	0.039	0.043	0.041	0.047

同样的，在对比分析屏障的隔振效果时，仅研究屏障后的测点，可得到不同频率下各测点的加速度峰值随振源距衰减的曲线，如图 8-6 ～图 8-17 所示。

分析图 8-6 ～图 8-17，可得到以下结论：

（1）在同样的工况下，相较于地面振源激振，在隧道振源激振下，屏障后的加速度峰值大大减小。以激振频率 110Hz 为例，地面振源激振屏障后 30cm 的加速度幅值为 0.212 cm/s²，而隧道振源激振下屏障后 30cm 的加速度幅值仅为 0.094 cm/s²。

（2）屏障后 60cm 内的隔振效果好，尤其是屏障后 30cm 内，最高可降低 50% 左右的加速度峰值。对于敏感的 10 ～ 40Hz 低频部分，在屏蔽区内 30cm 处，加速度峰值分别降低了 33.71%、38.48%、40.57%、38.60%。在屏蔽区范围外，屏障的隔振效果不理想；越往远处，振动加速度幅值衰减速度得越慢，加速度幅值大小无屏障时相差不大。

（3）相比较屏障 30cm 后的加速度峰值，屏障后 60cm 的加速度峰值不仅没有减小，反而增大。深究其原因，是因为隧道振源在土层较深处，产生的振动向四周传播，而隔振屏障的深度不够，导致一部分振动波从屏障底部绕到屏障后，从而使屏障后的振动突然增大，而后振动又继续向前传播。

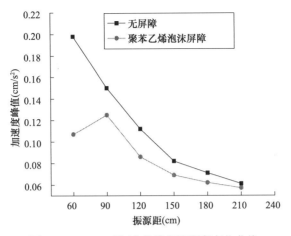

图 8-6 120Hz 下加速度峰值随距离变化曲线

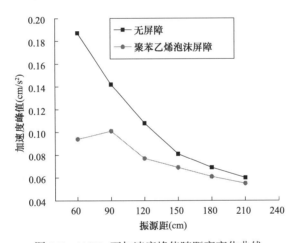

图 8-7 110Hz 下加速度峰值随距离变化曲线

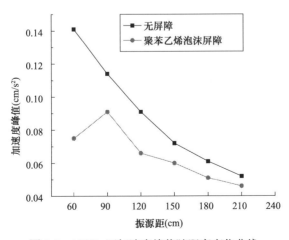

图 8-8 100Hz 下加速度峰值随距离变化曲线

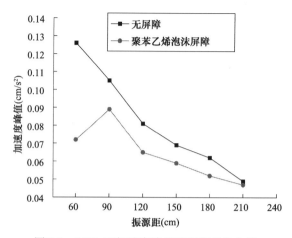

图 8-9　90Hz 下加速度峰值随距离变化曲线

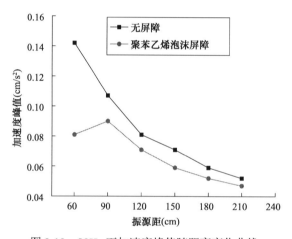

图 8-10　80Hz 下加速度峰值随距离变化曲线

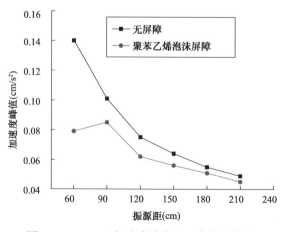

图 8-11　70Hz 下加速度峰值随距离变化曲线

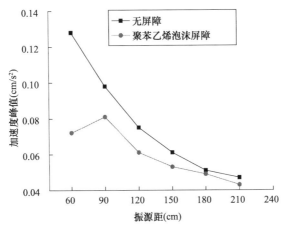

图 8-12 60Hz 下加速度峰值随距离变化曲线

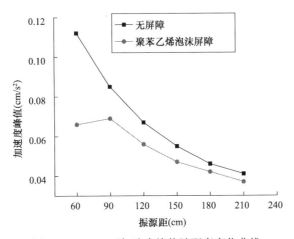

图 8-13 50Hz 下加速度峰值随距离变化曲线

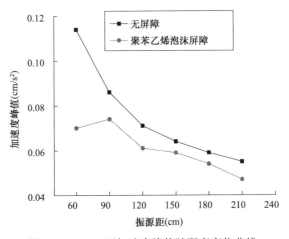

图 8-14 40Hz 下加速度峰值随距离变化曲线

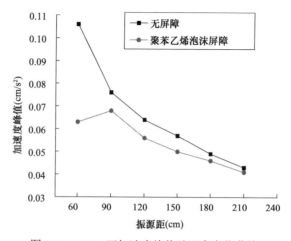

图 8-15　30Hz 下加速度峰值随距离变化曲线

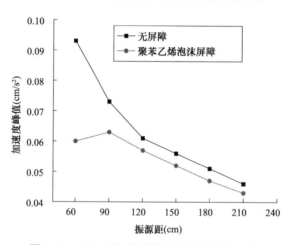

图 8-16　20Hz 下加速度峰值随距离变化曲线

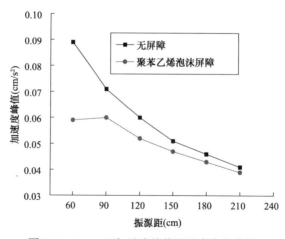

图 8-17　10Hz 下加速度峰值随距离变化曲线

8.4 聚氨酯硬泡的隔振试验

8.4.1 聚氨酯硬泡（保温类）的隔振

表 8-7～表 8-9 为设置聚氨酯硬泡（保温类）屏障时，不同频率下各个测点位置的加速度幅值。

聚氨酯硬泡（保温类）屏障时高频段波激振下各测点的峰值加速度值（单位: cm/s²） 表 8-7

测点	振源距（cm）	频率			
		90Hz	100Hz	110Hz	120Hz
1	30	0.111	0.129	0.142	0.157
2	60	0.070	0.080	0.089	0.117
3	90	0.083	0.084	0.104	0.112
4	120	0.061	0.058	0.072	0.087
5	150	0.056	0.052	0.061	0.070
6	180	0.051	0.045	0.058	0.061
7	210	0.045	0.041	0.052	0.058

聚氨酯硬泡（保温类）屏障时中频段波激振下各测点的峰值加速度值（单位: cm/s²） 表 8-8

测点	振源距（cm）	频率			
		50Hz	60Hz	70Hz	80Hz
1	30	0.093	0.097	0.099	0.102
2	60	0.061	0.069	0.074	0.077
3	90	0.074	0.077	0.079	0.085
4	120	0.051	0.067	0.059	0.069

续表

测点	振源距（cm）	频率			
		50Hz	60Hz	70Hz	80Hz
5	150	0.045	0.051	0.051	0.058
6	180	0.041	0.044	0.046	0.049
7	210	0.035	0.038	0.041	0.044

聚氨酯硬泡（保温类）屏障时低频段波激振下各测点的峰值加速度值（单位：cm/s²）　表 8-9

测点	振源距（cm）	频率			
		10Hz	20Hz	30Hz	40Hz
1	30	0.072	0.080	0.083	0.086
2	60	0.054	0.055	0.057	0.061
3	90	0.055	0.057	0.063	0.069
4	120	0.049	0.054	0.055	0.063
5	150	0.046	0.051	0.049	0.057
6	180	0.041	0.047	0.045	0.052
7	210	0.038	0.041	0.041	0.049

同样的，在对比分析屏障的隔振效果时，仅研究屏障后的测点，可得到不同频率下各测点的加速度峰值随振源距衰减的曲线，如图 8-18～图 8-29 所示。

根据下述曲线，可得到以下结论：

由图 8-18～图 8-21 可知，90～120Hz 的高频段波作用下，与无屏障时相比，在设置了聚氨酯硬泡（保温类）屏障情况下，屏障后侧 30cm 处的 2 号传感器，加速度值分别衰减了 44.44%，43.26%，40.91%，45.55%；屏障后侧 60cm 处的 3 号传感器，加速度值分别衰减了 20.95%，26.32%，26.76%，25.31%。

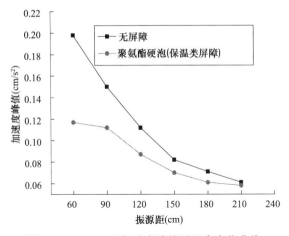

图 8-18　120Hz 下加速度峰值随距离变化曲线

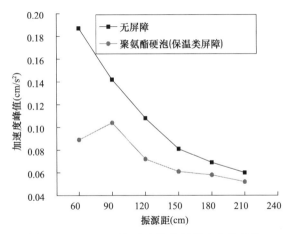

图 8-19　110Hz 下加速度峰值随距离变化曲线

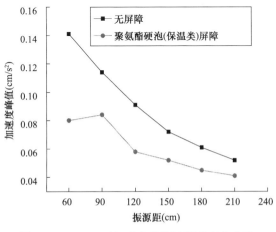

图 8-20　100Hz 下加速度峰值随距离变化曲线

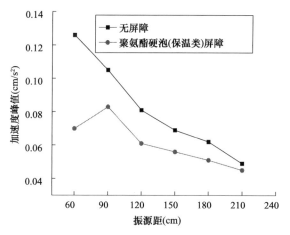

图 8-21 90Hz 下加速度峰值随距离变化曲线

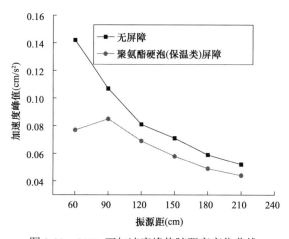

图 8-22 80Hz 下加速度峰值随距离变化曲线

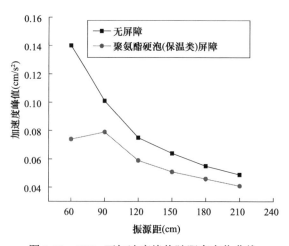

图 8-23 70Hz 下加速度峰值随距离变化曲线

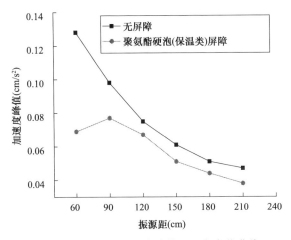

图 8-24　60Hz 下加速度峰值随距离变化曲线

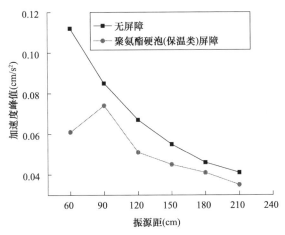

图 8-25　50Hz 下加速度峰值随距离变化曲线

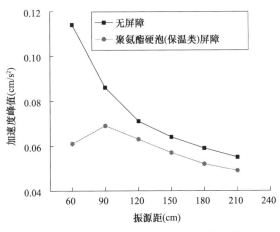

图 8-26　40Hz 下加速度峰值随距离变化曲线

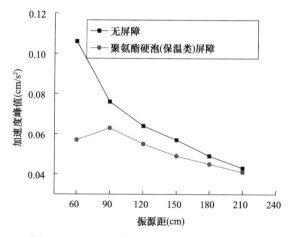

图 8-27　30Hz 下加速度峰值随距离变化曲线

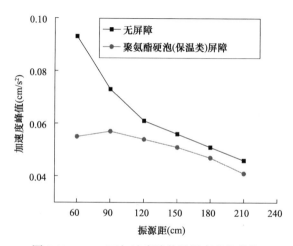

图 8-28　20Hz 下加速度峰值随距离变化曲线

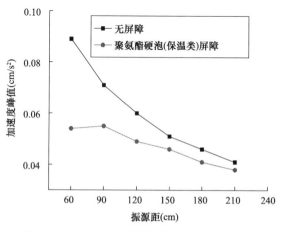

图 8-29　10Hz 下加速度峰值随距离变化曲线

由图 8-22～图 8-25 可知，50～80Hz 的中频段波作用下，与无屏障时相比，在设置了聚氨酯硬泡（保温类）屏障情况下，屏障后侧 30cm 处的 2 号传感器，加速度值分别衰减了 45.53%，46.09%，47.14%，45.77%；屏障后侧 60cm 处的 3 号传感器，加速度值分别衰减了 12.94%，21.43%，21.78%，20.56%。

由图 8-26～图 8-29 可知，10～40Hz 的高频段波作用下，与无屏障时相比，在设置了聚氨酯硬泡（保温类）屏障情况下，屏障后侧 30cm 处的 2 号传感器，加速度值分别衰减了 39.33%，48.11%，46.23%，46.49%；屏障后侧 60cm 处的 3 号传感器，加速度值分别衰减了 19.77%，17.11%，21.92%，22.54%。

在同样的工况下，在设置聚氨酯硬泡（保温类）屏障后，相较于地面振源激振，在隧道振源激振下，虽然屏障后屏蔽区的面积有所减小，但屏障后的加速度峰值得到大大地减小，以激振频率 80Hz 为例，地面振源激振屏障后 30cm 的加速度幅值为 $0.151cm/s^2$，而隧道振源激振下屏障后 30cm 的加速度幅值仅为 $0.077\ cm/s^2$。

与设置聚苯乙烯泡沫屏障相比，对于 50～120Hz 的中高频部分，两者的隔振效果差异较小，对于 10～40Hz 的低频振动，聚氨酯硬泡（保温类）屏障的隔振效果要好一点。

8.4.2　聚氨酯硬泡（仿木类）的隔振

表 8-10～表 8-12 为设置聚氨酯硬泡（仿木类）屏障时，不同频率下各个测点位置的加速度幅值。

聚氨酯硬泡（仿木类）屏障时高频段波激振下各测点的峰值加速度值（单位: cm/s^2）　表 8-10

测点	振源距（cm）	频率			
		90Hz	100Hz	110Hz	120Hz
1	30	0.109	0.123	0.131	0.140
2	60	0.069	0.072	0.087	0.097
3	90	0.079	0.091	0.094	0.105
4	120	0.062	0.057	0.069	0.085
5	150	0.053	0.049	0.059	0.074

测点	振源距（cm）	频率			
		90Hz	100Hz	110Hz	120Hz
6	180	0.049	0.042	0.053	0.059
7	210	0.044	0.038	0.049	0.055

聚氨酯硬泡（仿木类）屏障时中频段波激振下各测点的峰值加速度值（单位: **cm/s²**） 表 **8-11**

测点	振源距（cm）	频率			
		50Hz	60Hz	70Hz	80Hz
1	30	0.089	0.095	0.099	0.101
2	60	0.059	0.066	0.071	0.072
3	90	0.068	0.078	0.082	0.079
4	120	0.050	0.055	0.056	0.066
5	150	0.044	0.049	0.049	0.057
6	180	0.038	0.046	0.045	0.047
7	210	0.034	0.037	0.040	0.042

聚氨酯硬泡（仿木类）屏障时低频段波激振下各测点的峰值加速度值（单位: **cm/s²**） 表 **8-12**

测点	振源距（cm）	频率			
		10Hz	20Hz	30Hz	40Hz
1	30	0.074	0.077	0.081	0.083
2	60	0.052	0.050	0.051	0.058
3	90	0.057	0.055	0.059	0.066
4	120	0.051	0.051	0.048	0.061

测点	振源距（cm）	频率			
		10Hz	20Hz	30Hz	40Hz
5	150	0.046	0.045	0.042	0.054
6	180	0.042	0.043	0.039	0.051
7	210	0.037	0.039	0.037	0.048

同样的，在对比分析屏障的隔振效果时，仅研究屏障后的测点，可得到不同频率下各测点的加速度峰值随振源距衰减的曲线，如图 8-30 ～图 8-41 所示。

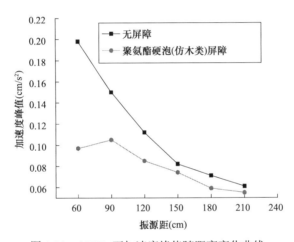

图 8-30　120Hz 下加速度峰值随距离变化曲线

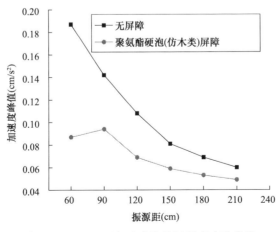

图 8-31　110Hz 下加速度峰值随距离变化曲线

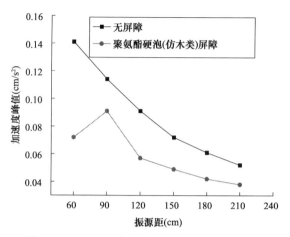

图 8-32　100Hz 下加速度峰值随距离变化曲线

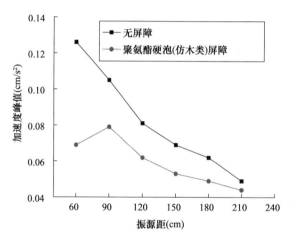

图 8-33　90Hz 下加速度峰值随距离变化曲线

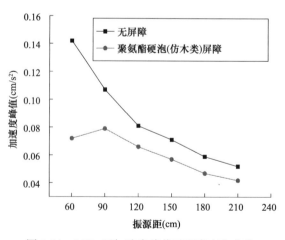

图 8-34　80Hz 下加速度峰值随距离变化曲线

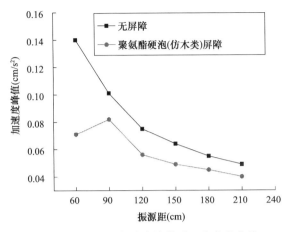

图 8-35 70Hz 下加速度峰值随距离变化曲线

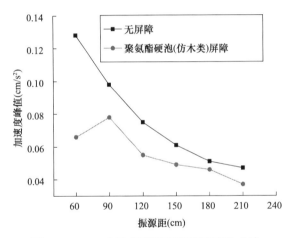

图 8-36 60Hz 下加速度峰值随距离变化曲线

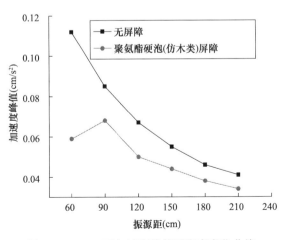

图 8-37 50Hz 下加速度峰值随距离变化曲线

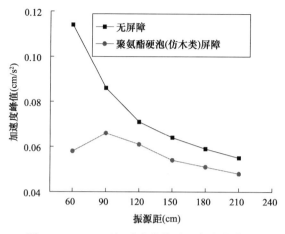

图 8-38　40Hz 下加速度峰值随距离变化曲线

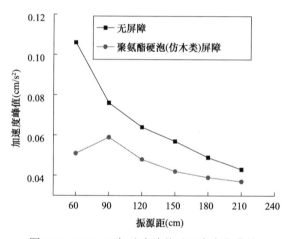

图 8-39　30Hz 下加速度峰值随距离变化曲线

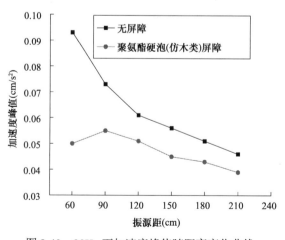

图 8-40　20Hz 下加速度峰值随距离变化曲线

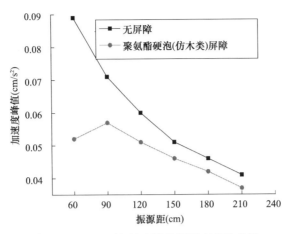

图 8-41 10Hz 下加速度峰值随距离变化曲线

由上述曲线，可以得到以下结论：

聚氨酯硬泡（仿木类）屏障的隔振效果优于其他两种隔振屏障，对中高低频振动的隔振效果都非常好，以激振频率 120Hz 为例，可降低加速度峰值 51%以上。

相同工况下，相较地面振源激励，对于更加敏感的 10 ～ 40Hz 的低频部分，聚氨酯硬泡（仿木类）屏障的隔振效果更加优秀。地面振源时，屏障后侧 30cm处的 2 号传感器，加速度值分别衰减了 29.19%，31.25%，33.33%，34.74%，而隧道振源下，障后侧 30cm 处的 2 号传感器，加速度值分别衰减了 41.57%，46.24%，51.89%，49.12%。

8.5 不同隔振屏障对低频振动的隔振效果对比分析

本小节将深入分析不同屏障对低频振动（10 ～ 40Hz）的隔振效果，为了更为直观地比较不同隔振屏障的对低频隔振效果，将不同隔振屏障在屏蔽区内对低频振动（10 ～ 40Hz）的振幅衰减系数 A_{RF} 作一个集中比较，如表 8-13 和表 8-14所示。图 8-42 和图 8-43 为屏障后 30cm 和 60cm 处不同屏障的振幅衰减系数随激振频率的变化曲线。

屏障后 30cm 处地面竖向加速度振幅衰减系数 A_{RF} 对照表 表 8-13

频率（Hz）	无屏障（cm/s²）	聚苯乙烯泡沫屏障（cm/s²）	A_{RF}	聚氨酯硬泡（保温类）屏障（cm/s²）	A_{RF}	聚氨酯硬泡（仿木类）屏障（cm/s²）	A_{RF}
10	0.089	0.059	0.663	0.054	0.607	0.052	0.584

续表

频率（Hz）	无屏障（cm/s²）	聚苯乙烯泡沫屏障（cm/s²）	A_{RF}	聚氨酯硬泡（保温类）屏障（cm/s²）	A_{RF}	聚氨酯硬泡（仿木类）屏障（cm/s²）	A_{RF}
20	0.093	0.060	0.645	0.055	0.591	0.050	0.538
30	0.106	0.063	0.594	0.057	0.538	0.051	0.481
40	0.114	0.070	0.614	0.061	0.526	0.058	0.509

屏障后 60cm 处地面竖向加速度振幅衰减系数 A_{RF} 对照表　　表 8-14

频率（Hz）	无屏障（cm/s²）	聚苯乙烯泡沫屏障（cm/s²）	A_{RF}	聚氨酯硬泡（保温类）屏障（cm/s²）	A_{RF}	聚氨酯硬泡（仿木类）屏障（cm/s²）	A_{RF}
10	0.071	0.060	0.859	0.055	0.775	0.057	0.803
20	0.073	0.063	0.863	0.057	0.781	0.055	0.753
30	0.076	0.068	0.895	0.063	0.829	0.059	0.776
40	0.086	0.074	0.860	0.069	0.802	0.066	0.767

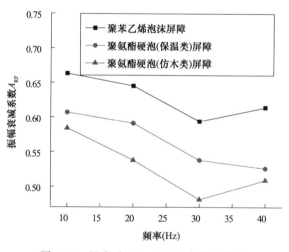

图 8-42　屏障后 30cm 处 A_{RF} 的变化曲线

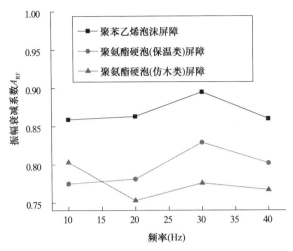

图 8-43　屏障后 60cm 处 A_{RF} 的变化曲线

根据上述图表，可得到以下结论：

（1）由于部分振动波的绕射作用，屏障后 60cm 处隔振效果将会降低。

（2）10 ～ 40Hz 的低频部分，不同屏障隔振效果依次为：聚氨酯硬泡（仿木类）屏障＞聚氨酯硬泡（保温类）屏障＞聚苯乙烯泡沫屏障。以 10Hz 为例，在屏障后 30cm 处，聚氨酯硬泡（仿木类）屏障的振幅衰减系数 A_{RF} 为 0.584，可降低加速度峰值 41.57% 以上，聚氨酯硬泡（保温类）屏障的振幅衰减系数 A_{RF} 为 0.607，可降低 39.32% 以上，而聚苯乙烯泡沫屏障的振幅衰减系数 A_{RF} 为 0.663，也可降低加速度峰值 33.71%。

8.6　本章小结

本章通过模型试验的方法，研究了隧道振源作用下（考虑高、中、低频率）无屏障时振动的传播与衰减规律。为了对比分析各种隔振措施对于隧道振源作用下所产生的场地振动的隔振效果，本书在无屏障时的试验的基础上进一步研究了聚苯乙烯泡沫屏障、聚氨酯硬泡（保温类）屏障和聚氨酯硬泡（仿木类）屏障的隔振效果和特点，计算出了各个测点的加速度峰值，绘制出了振动波在土中的传播与衰减曲线，将不同隔振屏障隔振时的衰减曲线与无隔振屏障时的曲线绘制在同一坐标系中进行了对比，分析结果表明：

（1）相同试验工况下，比较于上一章研究的地面振源激振时，隧道振源激振下地面的竖向加速度幅值大幅度减小，可以降低加速度峰值 50% 以上。相比较屏障 30cm 后测点 1 的加速度峰值，屏障后 60cm 测点 2 的加速度峰值不仅没有减小，反而增大。

（2）对于 50 ~ 120Hz 的中高频，三种屏障都有较好的隔振效果，聚氨酯硬泡（仿木类）屏障略微优于其他两种屏障。

（3）对于敏感的 10 ~ 40Hz 的低频部分，隔振效果最好的聚氨酯硬泡（仿木类）屏障，可降低加速度幅值 41.57% 以上，其次是聚氨酯硬泡（保温类）屏障，也可降低 39% 左右。

（4）综合考虑对各种频率，尤其是低频振动的隔振效果、施工技术难度、施工成本以及对建设场地的影响等因素，聚氨酯硬泡（仿木类）屏障无疑是最理想的隔振屏障，而且施工技术成熟，成本也不高。对人工振动产生的场地振动与噪声问题，聚氨酯硬泡（仿木类）屏障将比其他隔振措施有优势。总体来说，聚氨酯硬泡（仿木类）屏障隔振性能最好。

第9章　连续屏障参数对隔振效果影响分析

为了分析自由场中混凝土地下连续墙的隔振效果，建立有隔振屏障的四孔平行交叠隧道的三维有限元模型，根据第3章理论分析，确定模型尺寸、单元类型、土层及材料参数、积分时间步长 Δt 和阻尼系数 α、β 等参数，加载人工激励力，分析不同隔振屏障的隔振效果。

水平振动强度远没有竖向振动的强，因此本章以竖向振动为主，分析地下连续墙对周边环境的隔振效果影响规律。本章利用 Woods 提出有关空沟的振幅衰减系数 A_R，分析混凝土地下连续墙的隔振效果。其振幅衰减系数 A_R 如下：

$$A_R = 有隔振的竖向振幅 / 无隔振的竖向振幅 \tag{9-1}$$

为了深入研究隔振的竖向振动，利用数值模拟，提出各考察点的竖向加速度时程，求其最大加速度，绘制成图，将最大加速度转换成加速度振级（VAL）进行分析比较。加速度振级（VAL）的公式如下：

$$VAL = 20\lg(a_{rms}/a_0) \tag{9-2}$$

$$a_{rms} = \sqrt{\frac{1}{T}\int_0^T a^2 dt} \tag{9-3}$$

式中 VAL 的单位为 dB，a_{rms} 为有效的振动加速度（m·s^{-2}），可以采用均方平均根值计算；a_0 为基准加速度（m·s^{-2}），取值采用 10^{-6}，T 为整个计算过程持续的时间。

本章通过在振源与保护之间的传播路径上设置隔振屏障，分析图9-1地面测点的振动情况。除了隔振屏障变化因素，其他的条件均相同。隔振可以从其位置变化、宽度、深度、刚度等角度分析，分为8种工况如表9-1所示。图9-1中地表上1～8号测点在 X 轴的中心线上，且分别距离 $2L$ 隧道中心振源水平距离　为　9.062m、13.625m、18.188m、22.750m、24.75m、29.062m、

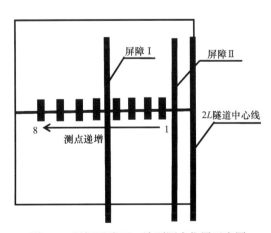

图9-1　隔振屏障下，地面测点位置示意图

145

33.375m、37.688m，而屏障Ⅰ和Ⅱ分别距离 2L 隧道中心线为 23.75m 和 4.75m。

8 种工况下，屏障隔振的参数 　　　　　表 9-1

工况	屏障宽度	屏障深度	屏障位置	弹性模量	备注
0	0	0	0	0	无屏障
1	500	8.5	23.75	30	混凝土连续墙
2	500	8.5	4.75	30	混凝土连续墙
3	1000	8.5	23.75	30	混凝土连续墙
4	2000	8.5	23.75	30	混凝土连续墙
5	500	16.75	23.75	30	混凝土连续墙
6	500	20.5	23.75	30	混凝土连续墙
7	500	8.5	23.75	2	泡沫隔振板
8	500	8.5	23.75	0	空沟

注：屏障宽度的单位为 mm；屏障深度的单位为 m；屏障位置是指距 2L 隧道中心线的水平距离，单位为 m，弹性模量的单位为 MPa。

9.1　隔振效果与屏障位置的关系

　　隔振效果与屏障位置之间的关系，可以按表 9-1 中工况 0、1 和 2 的隔振参数进行设置屏障。工况 0 没有设置屏障，而工况 1 和 2 设置屏障Ⅰ和屏障Ⅱ如图 9-1 所示，在这 3 种工况下分析距离 2L 隧道编号为 5 的地面测点竖向振动规律。屏障Ⅰ和屏障Ⅱ距振源的距离不同，分别为 23.75m 和 4.75m。

　　在工况 0、1 和 2 下，对 2L 隧道加载相同的人工激励力，得到测点 5 的竖向加速度时程曲线，如图 9-2～图 9-4 所示。图 9-2 为工况 0 下，测点 5 的竖向加速度时程曲线图。图 9-3 为工况 1 下，测点 5 的竖向加速度时程曲线图。图 9-4 为工况 2 下，测点 5 的竖向加速度时程曲线图。

　　由图 9-2～图 9-4 可知，测点 5 在 3 种工况下竖向加速度变化规律一致，竖向峰值加速度由小开始逐渐变大，4.5s 达到最大，再逐步减小，直到加载结束。竖向峰值加速度由小开始逐渐变大，由于列车开始进入隧道，不断接近观察点，即观察点与振源的距离越来越近，振动强度越来越大；竖向峰值加速度在 4.5s 左右达到最大，由于在 4.5s 观测点与振源（运动的列车）距离最近，振动强度最强；达到最大值后再减小是由于列车开始驶离隧道，不断远离观察点，即观察点与振源的距离越来越远，振动强度也越来越弱。总之，竖向振动强度随观察点与振源之间的距离变化而变化，距离减小，强度增大；距离增大，强度减小。

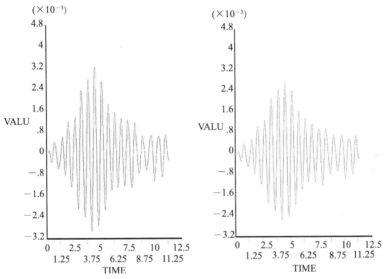

图 9-2　在工况 0 下，测点 5 的竖向　图 9-3　在工况 1 下，测点 5 的竖向
　　　加速度时程曲线图　　　　　　　　　加速度时程曲线图

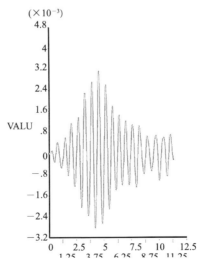

图 9-4　在工况 2 下，测点 5 的竖向加速度时程曲线图

在 3 种工况下，对比分析测点 5 竖向加速度的最大值，可知未设置屏障的振

动强度比设置屏障的振动强度更强；因此，混凝土地下连续墙有一定的隔振效果。测点 5 的振动强度在距离测点近的屏障Ⅰ比在距离测点远的屏障Ⅱ更小，推测在距测点越近处，设置屏障，其隔振效果越好。

9.2　隔振效果与屏障宽度的关系

隔振效果与屏障宽度之间的关系，可以按表 9-1 中工况 0、1、3 和 4 的隔振参数进行设置屏障Ⅰ。工况 0 没有设置屏障，工况 1、3 和 4 在相同位置设置等深度等刚度而宽度分别为 0.5m、1m、2m 的 3 种不同的混凝土地下连续墙进行隔振，分析在这 4 种工况下，如图 9-1 所示地面 8 个地面测点的竖向振动规律。在地面上测点 1 至测点 8 分别距离 2L 隧道中心线 9.062m、13.625m、18.188m、22.750m、24.75m、29.062m、33.375m、37.688m。

在这 4 种工况下，均对 2L 隧道加载相同的人工激励力，得到地面测点的竖向加速度时程图，分析汇总出竖向加速度的峰值，根据式（9-2）和式（9-3），并将各测点的峰值加速值转化为振级，如表 9-2 所示。表 9-2 为四种工况下 8 个地面测点的最大加速度及振级的值。表 9-3 为在设置不同宽度屏障下，测点 4 和 5 振级振幅衰减系数 A_R。图 9-5 为在工况 0、1、3 和 4 下，地面测点竖向峰值加速度变化规律。图 9-6 为在工况 0、1、3 和 4 下，地面测点加速度振级变化规律。

四种工况下 8 个地面测点的竖向峰值加速度及其振级　　　　　　表 9-2

工况	考察点	1	2	3	4	5	6	7	8
0		5.47	4.05	3.56	3.13	2.98	2.65	2.13	1.37
1	竖向峰值加速度 $(10^{-3}\text{m} \cdot \text{s}^{-2})$	5.49	4.13	3.72	3.39	2.74	2.47	2.03	1.35
3		5.53	4.17	3.8	3.59	2.72	2.45	2.03	1.33
4		5.67	4.35	4.00	4.07	2.47	2.24	1.91	1.32
0		74.76	72.15	71.03	69.91	69.48	68.46	66.57	62.73
1	加速度振级 (dB)	74.79	73.32	71.41	70.60	68.76	67.85	66.15	62.15
3		74.85	72.40	71.60	71.10	68.69	67.78	66.15	62.48
4		75.07	72.77	72.40	72.19	67.85	67.00	65.62	62.41

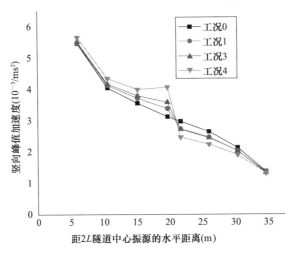

图 9-5   四种工况下竖向峰值加速度变化

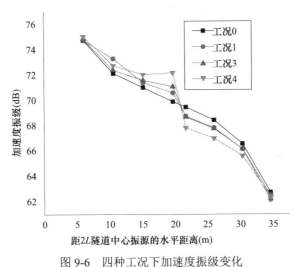

图 9-6   四种工况下加速度振级变化

由表 9-3、图 9-5 及图 9-6 可知：在未设置屏障时，地面测点无论是竖向峰值加速度还是加速度振级，均随距离的增大，其值减小，即振动强弱与振源的距离有关，离振源距离越近，振动强度越强，反之，距离越远，振动强度越弱。

在不同宽度的屏障下，地面测点竖向峰值加速度的变化规律与振级变化规律一致，屏障前附近的地面测点振动强度均有所增加，距屏障越近，振动强度增加的越多；屏障后附近的地面测点的振动强度均有所减少，距屏障越近，振动强度减少得越多；如设置屏障后，屏障前测点 5 的振动强度，高于未设置屏障；这是由于阻碍机制，瑞利波通过屏障时，要反射瑞利波，导致屏障前的波有一个叠加的过程。

从振级方面分析可知，不同宽度的屏障，隔振效果不同。不同宽度的屏障前的点（如测点 4）振动强度均有所增强，屏障后的点（如测点 5）振动强度均有所减弱，利用公式（9-1）求得 4 号和 5 号振幅衰减系数 A_R，衡量隔振效果，如表 9-3 所示。

不同宽度屏障下测点 4 和 5 振级振幅衰减系数 A_R　　　　表 9-3

地面测点	不同宽度屏障的振级振幅衰减系数 A_R		
	0.5m	1m	2m
4	1.010	1.017	1.033
5	0.990	0.989	0.977

由表 9-3 可知，2m 宽的屏障与 0.5m 和 1m 宽的屏障相比，在屏障前测点 4 的振幅衰减系数 A_R 三者之间最大，而在屏障后测点 5 振幅衰减系数 A_R 三者之间最小，因此屏障宽度增加，隔振效果更有效。

9.3　隔振效果与屏障深度的关系

隔振效果与屏障深度之间的关系，可以按表 9-1 中工况 0、1、5 和 6 的隔振参数进行设置屏障 I。工况 0 没有设置屏障，工况 1、5 和 6 在相同位置设置等宽度等刚度而深度分别为 8.5m、16.75m、20.5m 的 3 种混凝土地下连续墙进行隔振，分析在这 4 种工况下，如图 9-1 所示地面 8 个测点的竖向振动规律。在地面上 1 号到 8 号测点分别距离 $2L$ 隧道中心线 9.062m、13.625m、18.188m、22.750m、24.75m、29.062m、33.375m、37.688m。

在这 4 种工况下，均对 $2L$ 隧道加载相同的人工激励力，得到地面测点的竖向加速度时程图，分析汇总出竖向峰值加速度值，利用式（4-2）和式（4-3），并将各点的峰值加速值转化为振级见表 9-4。表 9-4 为四种工况下 8 个地面测点的加速度振级。表 9-5 为不同深度屏障下测点 4 和 5 振级振幅衰减系数 A_R。图 9-6 为在不同屏障深度下，地面测点加速度振级变化规律。

四种工况下 8 个考察点的加速度振级　　　　表 9-4

工况	名称	1	2	3	4	5	6	7	8
0	加速振动级（dB）	74.76	72.15	71.03	69.91	69.48	68.46	66.57	62.73

续表

工况	名称	1	2	3	4	5	6	7	8
1		74.79	73.32	71.41	70.60	68.76	67.85	66.15	62.15
5	加速振动级（dB）	74.81	72.36	71.57	70.88	68.30	67.57	65.98	62.54
6		74.82	72.40	71.66	70.93	68.23	67.46	65.85	62.48

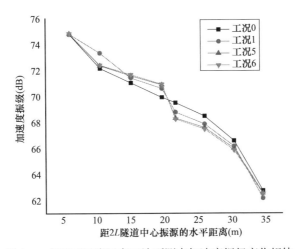

图 9-7　在不同屏障深度下地面测点加速度振级变化规律

由表 9-4 及图 9-7 可知，设置不同深度的屏障，地面各点加速度振级整体上呈下降趋势，但屏障前测点 4 小幅度上升，屏障后测点 5 小幅度下降。这是由于屏障机制，其部分瑞利波反射，部分瑞利波透射，反射部分加强了屏障前的瑞利波加强屏障前的点振动，而透射过来的波小于其原先没有屏障在该点的瑞利波减弱屏障后的点振动。

利用公式（9-1）求得测点 4 和 5 振幅衰减系数 A_R 如表 9-5，衡量隔振效果。

不同深度屏障下 4 号和 5 号考察点振级振幅衰减系数 A_R　　　表 9-5

地面测点	不同深度屏障的振级振幅衰减系数 A_R		
	8.5m	16.75m	20.5m
4	1.010	1.014	1.015
5	0.990	0.983	0.982

由表 9-5 可知，20.5m 深的屏障与 16.75m 和 8.5m 深的屏障相比，在屏障前测点 4 振幅衰减系数 A_R 三者之间最大，而在屏障后测点 5 振幅衰减系数 A_R 三者之间最小，因此屏障深度增加，隔振效果更有效。

由测点 5 可知，16.75m 深屏障比 8.5 深的屏障的衰减系数 A_R 多 0.007，而比 20.5m 深屏障少 0.001，因此，屏障在 16.75m 基础上再加深深度，隔振效果不明显，这是由于数值模拟时，在 2L 隧道深度为 15.388m 处，加载人工激励力，屏障深度超过这个界限，隔振效果的区分较小。

9.4　隔振效果与屏障刚度的关系

隔振效果与屏障刚度之间的关系，可以按表 9-1 中工况 0、1、7 和 8 的隔振参数进行设置屏障 I。工况 0 没有设置屏障，工况 1、7 和 8 在相同位置设置等宽度等深度而刚度分别为 30MPa、2MPa、0MPa 的混凝土连续墙、泡沫隔振板和空沟进行隔振，分析在这 4 种工况下，如图 9-1 所示，分析地面 8 个测点的竖向振动规律。在地面上 1 号到 8 号测点分别距离 2L 隧道中心线 9.062m、13.625m、18.188m、22.750m、24.75m、29.062m、33.375m、37.688m。

在这 4 种工况下，均对 2L 隧道加载相同的人工激励力，分别得到地面测点的竖向加速度时程图，分析汇总出竖向峰值加速度，根据式（9-2）和式（9-3），并将各点的竖向峰值加速值转化为振级，如图 9-8 所示。图 9-8 为四种工况下地面测点加速度振级的变化规律。

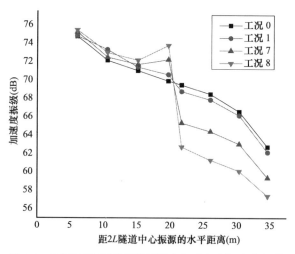

图 9-8　不同刚度屏障下地面测点加速度振级变化规律

从图 9-8 可知，在场地上设置屏障后，屏障前附近的测点振级增加，屏障后附近的测点振级降低，不同材料降低的幅度不一样。屏障前，空沟屏障的振级振幅增大了 4dB 左右，泡沫阻隔板振幅增大 2dB 左右，500mm 宽地下连续墙振幅增大 1dB 左右；屏障后，空沟振幅下降幅度最大，值为 6dB，其次，泡沫阻隔板下降了约 4dB，500mm 宽地下连续墙下降约 0.5dB。因此，空沟隔振效果最好，泡沫阻隔板的隔振效果一般，混凝土地下连续墙最差。由于在无屏障时，相同点的振动是一样的，设置屏障只是将该点部分瑞利波反射，部分波透射，其总量是相等的，如空沟屏障将大部分波反射，透射的波比较少，则其屏障前的振级就大幅度增加，其屏障后的振级大幅度减少。根据实际情况，设置屏障，如果要使振动增大，应在屏障前设置；如果使振动减少，应设置在屏障后方。

9.5　本章小结

本章通过分析连续屏障参数对隔振效果的影响得出以下结论：

（1）无论有无屏障时，地面单点振动强度随时间变化先增大后减小，这与振源的距离有关；列车开始驶入隧道时，与振源距离越来越近，振动强度越来越大；直至距离最短，振动强度达到最大；而列车渐渐驶离隧道时，与振源距离越来越远，振动强度也逐渐减小，直至归零。

距振源越远，设置屏障，地面测点的振动强度越小，屏障隔振效果越明显；反之，距振源越近，设置屏障，地面测点的振动强度越强，屏障隔振效果越差。

（2）设置屏障后，屏障前附近的地面测点振动强度均有所增加，距屏障越近，振动强度增加的越多；屏障后附近的地面测点的振动强度均有所减少，距屏障越近，振动强度减少得越多。

当屏障位置、深度及刚度不变，宽度增加，地面测点振动强度减小，屏障的隔振效果更明显。

（3）当屏障位置、宽度及刚度不变，深度增加，地面测点振动强度减小，隔振效果越好；超过振源埋深之后，隔振效果随屏障深度增加但不明显。

（4）空沟的隔振效果最好，其次泡沫隔振板，混凝土地下连续墙最差。

第 10 章　结论与展望

10.1　结论

本书围绕轨道交通引起的环境振动和隔振减振问题，用数值分析的方法对锚杆约束的聚氨酯硬泡连续屏障的隔振性能进行了研究，从锚杆的布置方式对屏障系统的固有频率的影响，到振动波在土壤介质中的传播和衰减，再到振源激励下屏障的隔振性能等。再通过模型试验对聚氨酯硬泡屏障的隔振效果进行了研究。结论如下：

（1）介绍了波动理论和屏障的隔振机理，指出隔振屏障之所以能够对振动波的能量有吸收衰减作用，主要是由于屏障材料与地基土介质的材料特性不同，要想达到很好的隔振效果，可以选用波阻抗较小的柔性材料，也可以选用波阻抗很大的刚性材料。

（2）建立了屏障系统的有限元基本模型，分别对屏障系统宽度、锚杆参数（锚杆间距、排列形状、锚杆直径）能否影响屏障系统固有频率进行了研究。主要结论如下：

①锚杆的设置能够明显的提高屏障系统的固有频率；在入射波的传播方向上，减小屏障系统的宽度，能够显著提高屏障系统的固有频率，尤其是在靠近屏障附近（宽度为 2m）的区域里，"聚氨酯硬泡连续屏障-土体-锚杆"屏障系统的固有频率远大于低频振动波的入射频率（< 10Hz）；

②锚杆直径越小，对屏障系统固有频率增大越明显；锚杆间距的改变使得屏障系统固有频率呈现波动性变化，但变化幅度不大；而锚杆排列形状对屏障系统固有频率的影响甚微。

（3）建立了土体的有限元模型研究无隔振措施时地表振动传播衰减规律，在地面振源简谐激励荷载的作用下进行谐响应分析，以振动位移幅值和振动位移衰减率作为指标，绘制出了振动位移的幅频曲线和振动位移衰减率曲线等，分析出地表振动响应规律，主要结论如下：

①振动波在土体中以竖向振动为主，且振动波的传播随着距离的增加而逐

渐衰减；

② 随着距振源距离的增大，土层对中高频振动波具有非常明显的衰减作用，但是对 10Hz 以下频段的低频振动，尤其是水平振动波，衰减作用较弱；振动波频率越高，其在土体中衰减得越快。

（4）建立了土体-锚杆-隔振屏障的有限元模型以研究锚杆约束的聚氨酯硬泡连续屏障的隔振性能，分别在地面振源简谐荷载和桩振源简谐荷载作用下进行数值计算，以竖向振动加速度幅值作为指标，绘制出各拾振点的振动加速度幅频曲线；并以竖向振动加速度振幅衰减系数 A_{RC} 为指标，研究两种隔振措施对低频振动的隔振效果。主要结论如下：

① 混凝土连续墙对中高频振动波有较明显的隔振效果，但是对于 10Hz 以下频段的振动波的隔振效果不佳，且墙体附近处出现振动放大现象，尤其是 10 ～ 15Hz 范围内振动放大更明显；

② 锚杆约束的聚氨酯硬泡连续屏障对振动波的隔振效果较好，距屏障后缘 15m 左右，15Hz 以上的频率波基本被屏蔽和衰减殆尽；对于 6 ～ 10Hz 范围内低频振动的隔振效果较好；且在 2 ～ 5Hz 出现了稍微的振动放大现象；加之聚氨酯硬泡连续屏障自身的材料属性和物理力学特性，与凝土连续墙屏障相比，屏障附近处的振动放大程度较混弱；

③ 总体来说，锚杆约束的聚氨酯硬泡连续屏障的隔振性能优于混凝土连续墙屏障。

（5）第 6 章通过模型试验研究了冲击荷载激励下振动的传播与衰减规律，得出冲击荷载激励下峰值加速度随距离的增大按负幂函数衰减的结论。

（6）通过模型试验研究在地面简谐荷载作用下，聚苯乙烯泡沫隔振板、聚氨酯硬泡屏障（保温类、仿木类）的隔振效果。得出聚苯乙烯泡沫隔振板对中高频振动波有较好的隔振效果，对于低频段的振动波，聚苯乙烯泡沫隔振板隔振效果不佳；聚氨酯硬泡（保温类）屏障对中高频的振动波隔振效果较好，对于低频段的振动波，设置聚氨酯硬泡（保温类）屏障可降低振动加速度峰值 25% 左右；聚氨酯硬泡（仿木类）屏障对中高频的振动波隔振效果最好，对于 10 ～ 40Hz 的低频段，可以降低地表加速度峰值 30% ～ 35% 左右。

（7）通过模型试验研究在隧道振源作用下，上述三种屏障的隔振效果。得出对于 50 ～ 120Hz 的中高频，三种屏障都有较好的隔振效果，聚氨酯硬泡（仿木类）屏障略优于其他两种屏障。对于敏感的 10 ～ 40Hz 的低频部分，隔振效果最好的聚氨酯硬泡（仿木类）屏障，可降低加速度幅值 41.57% 以上，其次是聚氨酯硬泡（保温类）屏障，也可降低 39% 左右。

10.2　展望

目前，国内外对低频振动下的隔振措施研究仍然面临一系列难题，本书也只是基于振动波的相关波动理论和屏障系统共振效应理论对锚杆约束的聚氨酯硬泡连续屏障的隔振性能进行数值模拟分析，并对无锚杆约束屏障的隔振性能进行了模型试验研究。但这些工作是比较初步的，若想对轨道交通低频振动的隔振减振机理有更加全面深入的认识，还需要大量的理论分析和试验工作。

参考文献

[1] Dawn T M. Ground Vibration from Passing Trains[J]. Journal of Sound and Vibration, 1979, 66(3): 355-362.

[2] Dinning M G. Ground Vibration from Rail Way Operations: Rapport Report[J]. Journal of Sound and Vibration, 1983, 87(2): 387-389.

[3] Fujikake T.A. Prediction Method for the Propagation of Ground Vibration from Railway Trains[J]. Journal of Sound and Vibration, 1986, 111(2): 289-297.

[4] Bata M. Effects on Buildings of Vibrations Caused by Traffic[J]. Building Science, 1985, 99(1): 1-12.

[5] Lysmer. J and WAASG. Shear Waves in Plane Infinite Structures[J]. J.Eng.Mech.Div.ASCE, 1972, 98(EMI): 85-105.

[6] Haupt W A. Model Tests on Screening of Surface Waves. in: Proceedings of the 10th International Conference on Soil Mechanics and Foundation Engineering[C]. Sweden: Stockholm, 1981, pp.215-222.

[7] Woods,R.D. Screening of Surface Waves in Soils[J]. Journal of Soil Mechanics and Foundation Engineering. ASCE, 1968, (SM4): 951-979.

[8] Adam M, Von Estorffo. Reduction of Train-Induced Building Vibrations by Using Open and Filled Trenches[J]. Computers and Structures, 2005, 8(3): 11-24.

[9] Fuyuki M, Matsumoto Y. Finite Difference Analysis of Rayleigh Wave Scattering at a Trench[J]. Bulletin of the Seismological Society of America, 1981, 71(6): 2051-2069.

[10] A.T Peplow,C.J.C.Jones, M.petyt. Surface Vibration Propagation over a Layered Elastic Half-Space with an Inclusion[J]. Applied Acoustics, 1999, 12 (56): 283-296.

[11] Hirokazu Takemiya. Controlling of Track-Ground Vibration due to High-Speed Train by WIB[C]. Structural Dynamics, 2002: 497-502.

[12] HirokaZu Takemiya. Field Vibration Mitigation by Honeycomb WIB for Pile Foundations of a High-Speed Train Viaduct[J]. Soil Dynamics and Earthquake Engineering, 2004, (24): 69-87.

[13] M.Adam,O.Von Estorff. Reduction of Train-Induced Building Vibrations by Using Open and Filled Trenches[J]. Computers and Structures, 2005, (83): 11-24.

[14] J.A.Forrest,H.E.M.Hunt. A Three-Dimensional Tunnel Model for Calculation of Train-Induced Ground Vibration[J]. Journal of Sound and Vibration, 2006, (294): 678-705.

[15] Chang-Chi Hung, Sheng-Huoo Ni. Using Multiple Neural Networks to Estimate the Screening Effect of Surface Waves by in-Filled Trenches[J]. Computers and Geotechnics, 2007, (34): 397-409.

[16] Yao J B, Xia H, Chen J G. Study on Isolation Measures of Building Vibrations under Train Action[C]. Environmental Vibrations: Prediction, Monitoring Mitigation and Evaluation. Beijing: Science Press, 2009: 313-318.

[17] P. Galvin, S. Francois. A 2.5D coupled FE-BE model for the prediction of railway induced vibrations[J]. Soil Dynamics and Earthquake Engineering, 2010, 30: 1500–1512.

[18] Ashref Alzawi, M. Hesham El Naggar. Full Scale Experimental Study on Vibration Scattering Using Open and in-Filled (GeoFoam) Wave Barriers[J]. Soil Dynamics and Earthquake Engineering, 2011, (31): 306-317.

[19] E. Celebi, O. Kırtel. Non-linear 2-D FE Modeling for Prediction of Screening Performance of Thin-Walled Trench Barriers in Mitigation of Train-Induced Ground Vibrations[J]. Construction and Building Materials, 2013, (42): 22-131.

[20] Pieter Coulier, Hugh E.M.Hunt.. Experimental study of a stiff wave barrier in gelatin[J]. Soil Dynamics and Earthquake Engineering, 2014, 66: 459–463.

[21] S.D. Ekanayake, D.S. Liyanapathirana, C.J. Leo. Attenuation of Ground Vibrations Using in-Filled Wave Barriers[J]. Soil Dynamics and Earthquake Engineering, 2014, (67): 290-300.

[22] Pablo Zoccali, Giuseppe Cantisani, Giuseppe Loprencipe. Ground-Vibrations Induced by Trains: Filled Trenches Mitigation Capacity and Length Influence[J]. Construction and Building Materials, 2015, (74): 1-8.

[23] D. Ulgen, O. Toygar. Screening effectiveness of open and in-filled wave barriers: A full-scale experimental study[J]. Construction and Building Materials, 2015, 86: 12–20.

[24] P.Coulier, V.Cuéllar, Degrandea. Experimental and numerical evaluation of the effectiveness of a stiff wave barrier in the soil[J]. Soil Dynamics and Earthquake Engineering, 2015, 77: 238-253.

[25] A.Dijckmans, A Ekblad, A.Smekal, et al. Efficacy of a sheet pile wall as a wave barrier for railway induced ground vibration[J]. Soil Dynamics and Earthquake Engineering, 2016, 84: 55–69.

[26] D.J.Thompson, J.Jiang, M.G.R.Towarda, et.al. Reducing railway-induced ground-borne vibration by using open trenches and soft-filled barriers[J]. Soil Dynamics and Earthquake Engineering, 2016, 88: 45-59.

[27] J.D.R.Bordón, J.J.Aznárez, O.Maeso. Two-dimensional numerical approach for the vibration isolation analysis of thin walled wave barriers in poroelastic soils[J]. Computers and Geotechnics, 2016, 71: 168-179.

[28] C.Van hoorickx, M.Schevenels, G.Lombaert. Double wall barriers for the reduction of ground vibration transmission[J]. Soil Dynamics and Earthquake Engineering, 2017, 97: 1-13.

[29] Y.B.Yang, Pengbin Ge, Qiuming Li. 2.5D vibration of railway-side buildings mitigated by open or infilled trenches considering rail irregularity[J]. Soil Dynamics and Earthquake Engineering, 2018, 106: 204-214.

[30] 闫维明, 聂晗, 任珉等. 地铁交通引起地面振动的实测与分析 [J]. 铁道科学与工程学报, 2006, 3(2): 1-5.

[31] 潘昌实, 谢正光. 地铁区间隧道列车振动测试与分析 [J]. 土木工程学报, 1990, 23(2): 21-28.

[32] 丁浩民, 王田友, 申跃奎等. 不同振源影响下土层振动与建筑物隔振的研究现状 [J]. 建筑结构, 2006, 36(增刊): 80-85.

[33] 李浩, 冯劲. 弹性地基板隔振在隧道环境保护中的应用 [J]. 上海铁道科技, 2007, (1):63-64.

[34] 谢伟平, 常亮, 杜勇. 中南剧场隔振措施分析 [J]. 岩土工程学报, 2007, 29(11): 1720-1725.

[35] 丁光亚, 蔡袁强, 徐长节等. 饱和土中刚性排桩对平面 SV 波的隔离分析 [J]. 岩土力学, 2009, 30(3): 849-854, 2009.

[36] 丁光亚, 蔡袁强, 王军等. 饱和土中管桩对倾斜入射弹性波的隔离 [J]. 振动与冲击, 2010, 29(3): 121-141.

[37] 黄开勇, 向国威, 叶冠林, 王建华. 柔性隔振墙的模型试验数值模拟 [J]. 地下空间与工程学报, 2011, 7(增 1): 423-426.

[38] 邱畅, 高广运, 岳中琦. 屏障隔振系统失效机理的探讨 [J]. 西北地震报, 2003, 25(3): 198-203.

[39] 高广运, 冯世进, 李伟等. 三维层状地基竖向激振波阻板主动隔振分析 [J]. 岩土工程学报, 2007, 29(4): 471-476.

[40] 夏唐代, 孙苗苗, 陈晨, 陈炜昀. 双排刚性桩屏障对平面 SH 波的隔离性状研究 [J]. 土木建筑与环境工程, 2011, 33(2): 7-12.

[41] 侯键, 夏唐代, 孙苗苗, 孔祥冰. 任意排列的固定刚性桩屏障对 SH 波的多重散射 [J]. 浙江大学学报 (工学版), 2012, 46(7): 1269-1273.

[42] 徐平. 多排桩非连续屏障对平面弹性波的隔离 [J]. 岩石力学与工程学报, 2012, 31(增 1): 3159-3166.

[43] 徐平. 蜂窝状空腔屏障隔振效果分析 [J]. 振动与冲击, 2014, 33(14): 1-5.

[44] 高广运, 王非, 陈功奇等. 轨道交通荷载下饱和地基中波阻板主动隔振研究 [J]. 振动工程学

报, 2014, 27(3): 433-440.

[45] 高广运, 陈功奇, 张博. 列车荷载下竖向非均匀地基波阻板主动隔振分析 [J]. 振动与冲击, 2013, 32(22): 57-62.

[46] Guangyun Gao, Juan Chen, Xiaoqiang Gu. Numerical study on the active vibration isolation by wave impeding block in saturated soils under vertical loading[J]. Soil Dynamics and Earthquake Engineering, 2017, 93: 99–112.

[47] 楼梦麟, 贾宝印, 宗刚等. 混凝土连续墙隔振后建筑结构的地铁振动实测与分析 [J]. 华南理工大学学报 (自然科学版), 2013, 41(3): 50-62.

[48] 楼梦麟, 贾宝印, 陆秀丽等. 地铁振动下基础隔振效应的实测与分析 [J]. 同济大学学报 (自然科学版), 2011, 39(11): 1622-1628.

[49] 盛涛, 张善莉, 单伽锃等. 地铁振动的传递及对建筑物的影响实测与分析 [J]. 同济大学学报 (自然科学版), 2015, 43(1): 54-59.

[50] 周凤玺, 马强, 赖远明. 含液饱和多孔波阻板的地基振动控制研究 [J]. 振动与冲击, 2016, 35(1): 96-105.

[51] 王艳巧, 王丽娟. 土工袋减振与耗能的数值模拟 [J]. 岩土力学, 2014, 35(02): 601-606.

[52] 刘斯宏, 高军军, 王艳巧. 土工袋减振隔振机制分析及试验研究 [J]. 岩土力学, 2015, 36(2): 325-332.

[53] Guangyun Gao, Ning Li, Xiaoqiang Gu. Field experiment and numerical study on active vibration isolation by horizontal blocks in layered ground under vertical loading[J]. Soil Dynamics and Earthquake Engineering, 2015, 69: 251–261.

[54] Guangya Ding, Junlong Wu, Jun Wang. Effect of sand bags on vibration reduction in road subgrade[J]. Soil Dynamics and Earthquake Engineering, 2017, 100: 529-537.

[55] Guangyun Gao, Juan Chen, Chen Jun. Field measurement and FE prediction of vibration reduction due to pile-raft foundation for high-tech workshop[J]. Soil Dynamics and Earthquake Engineering, 2017, 101: 264-268.

[56] Jiankun Huang, Wen Liu, Zhifei Shi. Surface-wave attenuation zone of layered periodic structures and feasible application in ground vibration reduction[J]. Construction and Building Materials, 2017, 141: 1-11.

[57] Jiankun Huang, Zhifei Shi. Attenuation zones of periodic pile barriers and its application in vibration reduction for plane waves[J]. Journal of Sound and Vibration, 2013, 332: 4423-4439.

[58] Xinnan Liu, Zhifei Shi, Y.L.Mob. Comparison of 2D and 3D models for numerical simulation of vibration reduction by periodic pile barriers[J]. Soil Dynamics and Earthquake Engineering, 2015, 79: 104-107.

[59] 杨先建. 土—基础的振动与隔振 [M]. 北京：中国建筑工业出版社，2013.

[60] 吴英华译. 隔振壁的设计及其隔振效果 [J]. 噪声与振动控制，1985, (2): 17-23.

[61] 何本国，陈天宇，王洋等. 土木工程应用实例 (第三版)[M]. 北京：中国水利水电出版社，2011.

[62] 申跃奎. 地铁激励下振动的传播规律及建筑物隔振减振研究 [D]. 上海：同济大学博士学位论文，2007.

[63] 沈霞. 地铁振动计算分析中的若干问题研究 [D]. 上海：同济大学硕士学位论文，2005.

[64] 杨永斌等. 高速列车所致之土壤振动分析 [R]. 台湾财团法人中兴工程顾问社，1995.

[65] 向国威. 屏障隔振措施的数值分析与实验研究 [D]. 上海：上海交通大学，2011.

[66] 吴良芝. 结构有限元的修正解 [J]. 固体力学学报，1981, 34(2): 459-467.

[67] 王新敏. 工程结构数值分析 [M]. 北京：人民交通出版社，2007.

[68] 刘夏冰. 四孔交叠隧道下地铁运行对周边建筑物的振动响应分析 [D]. 南昌：南昌航空大学硕士学位论文，2011.

[69] 刘晶波，谷音，杜义欣. 一致黏弹性人工边界及黏弹性边界单元 [J]. 岩土工程学报，2006, 28(9): 1071-1075.

[70] 刘晶波，吕彦东. 结构 - 地基动力相互作用问题分析的一种直接方法 [J]. 土木工程学报，1998, 31(3): 55-64.

[71] 高广运，岳中琦，谭国焕等. 屏蔽区振动放大异常现象的理论分析 [J]. 岩土工程学报，2002, 5(24): 565-568.

[72] 高广运，杨先建，王贻荪等. 排桩隔振的理论与应用 [J]. 建筑结构学报，1997, 18(4): 62-63.

[73] 高俊涛. 地铁引发低频振动的隔振措施研究 [D]. 武汉：武汉理工大学硕士学位论文，2008.

[74] 袁俊. 城市轨道交通隔振减振机理及措施研究 [D]. 西安：西安建筑科技大学博士学位论文，2010.

[75] 谭捍华，孙进忠，祁生文. 强夯振动衰减规律研究 [J]. 工程勘察，2001, (05): 11-14.

[76] 李志毅，高广运，冯世进等. 高速列车运行引起的地表振动分析 [J]. 同济大学学报 (自然科学版)，2007, 35(7): 909-914.

[77] 郭成超，王复明，徐建国. 隧道高聚物快速维修技术研究 [J]. 筑路机械与施工机械化，2008, 25(12): 60-62.

[78] 郭成超，王复明，钟燕辉. 水泥混凝土路面脱空高聚物注浆技术研究 [J]. 公路，2008(10): 232-236.